世界高端文化珍藏图鉴大系

# 明清家具

## （修订典藏版）

姜 宁 / 编著

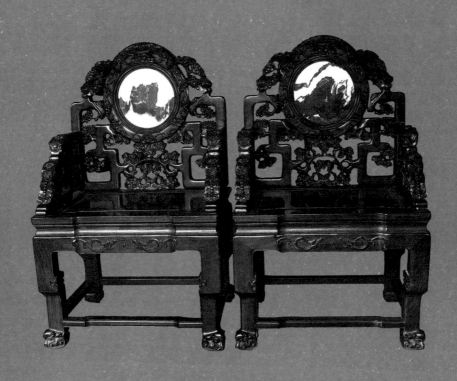

辽宁美术出版社

**图书在版编目（CIP）数据**

明清家具：修订典藏版 / 姜宁编著. — 沈阳：辽宁美术出版社，2020.11

（世界高端文化珍藏图鉴大系）

ISBN 978−7−5314−8591−9

Ⅰ．①明… Ⅱ．①姜… Ⅲ．①家具－中国－明清时代－图集 Ⅳ．①TS666.204−64

中国版本图书馆CIP数据核字（2019）第271357号

出 版 者：辽宁美术出版社

地　　址：沈阳市和平区民族北街29号　邮编：110001

发 行 者：辽宁美术出版社

印 刷 者：北京市松源印刷有限公司

开　　本：787mm×1092mm　1/16

印　　张：18

字　　数：250千字

出版时间：2020年11月第1版

印刷时间：2020年11月第1次印刷

责任编辑：彭伟哲

封面设计：胡　艺

版式设计：文贤阁

责任校对：郝　刚

书　　号：ISBN 978−7−5314−8591−9

定　　价：128.00元

邮购部电话：024−83833008

E−mail:lnmscbs@163.com

http://www.lnmscbs.cn

图书如有印装质量问题请与出版部联系调换

出版部电话：024−23835227

# 前言
## PREFACE

明清家具在我国家具史上是一个高峰，它继承了以往我国古典家具的成就，并在此基础上融入了时代文化特征，大胆创新、精工制作。明式家具古朴优雅、线条简洁，整体清新大方；清式家具雕刻精美、装饰绚丽，整体雍容华贵。

因其优质珍贵的主料、自然优雅的色泽、科学精密的榫卯结构和丰富的装饰手法以及其中表现出来的文化底蕴，明清家具一直在诠释着我国传统文化的博大与精深。

随着社会经济的发展和人们物质条件的改善，收藏热在近年持续升温，越来越多的爱好者加入古玩收藏的行列。其中明清家具因兼具实用性、观赏性和独特文化价值，已然成为继书画、陶瓷之后的第三大收藏品。尤其近几年，明清家具受到越来越多收藏者的追捧，因现存的传世真品数量有限，所以明清家具的价格也越涨越高。

正因为如此，在利益的驱使下，很多珍品家具被海外藏家高价收购，而国内市场则出现了大量高质量的赝品，有的赝品不要说普通爱好者无法辨别，即使是专家也很难分辨。这些赝品让广大明清家具的爱好者颇受打击，为此，我们编辑出版了这本明清家具收藏与鉴赏的参考书。

本书从6个不同方面对明清家具进行了分析鉴赏。对其历史演变进行简要介绍，同时对其用材、结构、装饰风格及功能分类等方

# P 前言
## REFACE

面进行图文并茂的赏析，还对明清家具的鉴定方法、收藏要点等进行了简要总结。希望我们的努力，可以对广大明清家具收藏爱好者有所裨益。

　　鉴于编者能力有限，而明清家具有关的知识及其文化内涵并非一本书可以囊括，本书不尽如人意之处，还望大家批评指正。

CONTENTS
# 目 录

## 第二章  明清家具的用材与结构

## 第三章  明清家具纹饰鉴赏

# 第四章 明清家具的功能分类与鉴赏

# 第五章 明清家具的文人气质

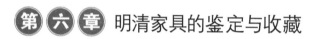

# 第六章 明清家具的鉴定与收藏

# 附录 硬木家具工艺流程 / 275

古朴雅致

第一章

明清家具概述

明清家具在宋代家具的基础上，将我国古典家具的工艺与文化发扬光大。明清家具有着用料考究、造型大方、结构合理、做工精细的特点，其制作工艺与装饰手法都达到了我国家具的巅峰，在世界家具史中有着不可动摇的重要地位。

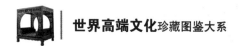

# 第一节　明式家具的特征与演变

## 明式家具产生的时代背景

明式家具不仅在中国家具史上占据了极其重要的地位，在整个世界家具史上也享有盛名。明式家具之所以能有这些成就，是由多方面因素促成的。概括地讲，大致如下。

图 | 紫檀雕西番莲庆寿纹宝座

图 | 黄花梨曲尺罗汉床

其一，明代手工业的发展，尤其是一些专业技术书籍的出现，对明式家具风格的形成起到很大的推动作用。明代中期，经济发展较快，东南沿海地区的手工业逐渐走向成熟，从业人数迅速增长的同时，专业技艺也在迅速进步。各种指导家具制作的专业书籍在当时大量涌现，尤其是《鲁班经匠家镜》的出现，对家具设计和制作工艺的提高起到很大作用，并初步完善了家具制作由实践到理论体系的循环。

其二，海外贸易的发展，为明式硬木家具的繁荣提供了物质条件。明代初期，进步的造船术及水罗盘的发明与使用，为海外贸易的加速发展创造了条件。永乐至宣德时期，为了宣扬国威，宦官郑和受命于朝廷，先后七次出使西洋，其规模之大、航程之远、往返之频繁、时间之长，都是世界航海史上所罕见的。

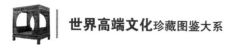

图 | 三围板罗汉床

　　郑和的七次下西洋，在加强明王朝与西洋各国关系的同时，也促进了中外贸易的往来。由于当时国家经济发展、社会稳定，统治阶级日益骄奢淫逸，因此对进口货物产生了极大需求。尤其是"隆庆开关"以后，大批优质木材开始源源不断地进入中国。明式家具的一个突出特点，就是材质优良，可以说正是海外贸易的发展，为明式家具的兴盛提供了充足的物质条件。

　　其三，城镇的发展对明式家具的发展起到了推动作用。明代中期，高度发展的农业与手工业以及繁荣的商品经济，都促使城镇建设得以快速发展。官员和富商巨贾开始竞相建造豪华府第、园林和住宅，这些都是促使社会对硬木家具需求快速增加的因素。

16—17世纪，当西方世界被巴洛克艺术占据主导地位时，东方古老的中国正经历着市井文化的繁荣期。据史书记载，明朝中晚期，尤其是嘉靖、隆庆、万历时期，嘉清和万历若干年荒废朝政，致使民不聊生，百姓饥寒交迫、困苦不堪，国家处于崩溃的边缘。另外，这一时期的人们，尤其是士大夫阶层，因为对政治已经绝望，便将追求舒适生活作为主要目标。诸如秦淮河畔的狎妓现象、唐伯虎点秋香的奇闻，以及以文徵明为代表的吴门画派等都出自这一时期。与此同时，中国南方的某些地区出现了苏作硬木家具。

图 | 黄花梨束腰小炕桌·明末

最初，苏作家具主要以当地盛产的榉木为原材料，到明中期以后，才更多地选用花梨、紫檀等木材。尤其是经过明晚期文人的积极倡导和直接参与，这类时髦的家具得以风行。

因此我们可以看到，手工业的进步、海外贸易的发展和城镇建设等因素，促使家具在明代达到了中国古典家具发展的高峰期。明代家具不仅用材考究、制

图 | 黄花梨束腰罗锅枨内翻马蹄方桌·明

图 | 红木卷云纹琴桌·明

作精坚、结构科学严谨，而且造型朴实大方，种类齐全，款式繁多，逐渐形成了独特的明式家具风格。这一时期的家具无论是制作工艺，还是艺术造诣，均达到了极高的水平，成为中国乃至世界家具艺术发展史上最具艺术感染力的精品。

图 | 黄花梨束腰顶牙罗锅枨大方桌·明末清初

图 | 苏作黄花梨云纹束腰禅凳

明式家具的产地主要有 3 个：北京皇家的"御用监"，民间家具生产中心的苏州与广州。家具的种类也比以往任何时期都丰富，除了有箱、桌、椅、凳类，还有几案、屏风、床榻、柜格、提盒等。

到清代前期，虽然全国很多地方都生产硬木家具，但不难看出，只有苏州地区的风格特点及工艺技术最具底蕴。人们非常喜欢这种风格鲜明的江南家具，因此统称它为"苏式家具"或"苏作"。由此，人们习惯于把苏式家具视为明式家具的正宗也是必然的。

# 明式家具特征

明代家具的风格特点，大致有以下几点。

1. 造型稳重大方，比例尺寸合度，轮廓简练舒展

造型简练，以线为主以及严格的比例关系是明式家具造型的基础。明代家具的局部与局部的比例、装饰与整体形态的比例，都非常匀称和协调。其各个部件的线条全部呈挺拔秀丽之势，刚柔相济，柔而不弱，线条挺而不僵，表现出简练、质朴、典雅、大方之美。

图｜榉木束腰马蹄足带霸王枨方桌

图｜黄花梨五足内卷香几·明

同时，明式家具的造型及各部分的比例尺寸，基本与人体各部分的结构特征相适应。如椅凳座面高度在 40 厘米 ~50 厘米，大体与人的小腿高度相符。大型坐具因其形体比例关系，座面较高，但通常都配有脚踏，人坐在上面，双脚放于脚踏之上，实际使用高度（脚踏面到座面）仍在 40 厘米 ~50 厘米。桌案也是如此，人坐在椅凳上，桌面高度基本与人的胸部齐平。双手可以自然地平铺于桌面，或读书写字，或挥笔作画，都极其舒适自然。两端桌腿之间留有一定空隙，桌牙也要控制在一定高度，以便人腿向里伸屈，使身体贴近桌面。

图 | 红木方桌·明

## 2. 结构科学，榫卯精密

明代家具做工精细而严谨的卯榫结构，具有极强的科学性。少用胶，不用钉子，不受潮湿或干燥的影响，制作上采用攒边等做法。在跨度较大的局部之间，镶以牙板、牙条、券口、圈口、矮老、霸王枨、罗锅枨、卡子花等，既美观又加强了牢固性。由此可见，明代家具的结构设计，是科学与艺术的极好结合。

## 3. 繁简相宜的装饰手法

明代家具的装饰手法繁简相宜，雕、镂、嵌、描等均为之所用；装饰用材非常广泛，螺钿、竹、牙、玉、石等样样不拒。但它不会贪多堆砌，更不会曲意雕琢，而是根据整体要求，恰如其分地进行局部装饰。如在椅子的背板上，进行小面积的透雕或镶嵌；在桌案的局部施以矮老或卡子花等。虽然施以装饰，但从整体来看，仍不失朴素与清秀的本色，可谓适宜得体、锦上添花。

4. 精于选料配料，重视木材的自然纹理与色彩

明代家具充分利用木材的纹理优势，发挥硬木材料的自然美，这是其又一突出特点。明代硬木家具用材多数为黄花梨、紫檀、鸡翅木、榉木和楠木等珍贵木材。这些木材硬度高，木性稳定，均有色调与纹理的自然美。工匠在制作时，十分注意家具的色彩效果，尽可能把材质优良、色彩美丽的部位用在表面或正面明显位置。除了精工细作之外，还有一部分明式家具不加漆饰，也不大面积装饰，而是充分利用木材本身的色调、纹理，形成其特有的审美趣味，从而给明式家具增添了无穷的艺术魅力。

图 | 明式绕脚椅

5. 金属饰件式样玲珑，色泽柔和，起到很好的装饰作用

明式家具常用金属作为辅助构件，以增强其使用功能。由于这些金属饰件大都有各自的艺术造型，因而又是一种独特的装饰手法。金属饰件的运用，不仅对家具起到了加固作用，同时也为明清家具增色生辉。

图 | 黄花梨扶手椅

图｜黄花梨圆腿带刀板方桌·明末

图｜黄花梨方桌

6. 雕刻及线脚装饰处理得当

明式家具包括两种艺术风格，即简练型与浓华型。不管是哪种形式，制作者都要对其施以适当的雕刻装饰。

简练型家具以线脚为主，如把腿设计成弧形，俗称"鼓腿膨牙""三弯腿""仙鹤腿"等。看造型，有的像方瓶，有的如花樽，有的似花鼓，有的若官帽。还有一种仿藤的装饰手法，是在腿表面做出两个或两个以上的圆形体，好像是把几根圆材拼在一起，故称"劈料"，通常以四劈料做法较多，因其形似芝麻秸秆，故而又称"芝麻梗"。线脚除了增添器身的美感外，还将锋利的棱角处理得圆滑、柔和而收到浑然天成的效果。

浓华型家具则不然，它们大多有精美繁缛的雕刻花纹或用小构件攒接成大面积的棂门与围子等，属于装饰性较强的类型。浓华型虽雕刻较多，但做工极精，攒接虽繁，却极富规律性，使整体效果气韵生动，给人以豪华浓丽的富贵之相，并无任何烦琐之感。

# 苏作家具的特点

## 造型方面

苏作家具与京作和广作相较而言，可谓造型轻巧。由于苏州不像北京宫廷的木材来源那么丰富，也不像广州的进口木材那么充裕，所以苏作匠师对木材都极为用心，可以说是精打细算。他们对每一块硬木材料都必经反复琢磨和精心设计，之后才能破料动工，这是资源方面的因素。另外，江南的小桥流水等人文风光，造成了文化艺术上的清雅、委婉之风，这也必然会反映在家具审美与家具风格上。因此，由于木材资源比较缺乏和江南特有的历史文化等因素，苏作家具形成了造型轻巧、俊秀的特征。比如，同是太师椅，广作的表现为体大、雄伟、满身雕饰；而苏作的则轻简、素雅。

## 装饰方面

### 椅子脚的多彩多姿

苏作家具椅子脚的式样非常多，有搭叶、虎豆、灵珠、如意一根藤、线叶、擒线、活线卷珠等几十种。椅子脚上的线刻也非常细腻。

### 线脚多样

在椅子、桌子、案和床等家具边框的边缘上，都有不同的线脚。苏作家具中，线脚的形式非常多，有捏角线、阳线、活线、凹线、文武线、皮条线、芝麻梗线和竹板温线等。

### 束腰上的绦环板洞

在几和墩的束腰处，苏作喜用绦环板为饰。绦环板上的洞饰名称，也与别处不同，除爆仗洞等较常用的以外，还有菱花洞、线长洞等。这些洞装在束腰处，极为空透、清新。

### 装饰题材

动物方面，喜用草龙，而且草龙的形态变化多端；植物方面有灵芝（也称灵珠）、缠枝莲、竹节梗、芝麻梗、一根藤等；其他纹样，也有与他处不同的方汉纹、方花纹等，还有通用的绳纹、拱璧、如意、鱼草、什锦等。

### 工艺方面

苏作家具的工艺非常精良，在木材不足的情况下，匠师们运用智慧，创造出许多工艺手段。如包镶工艺，就是以杂木为骨架，在上面粘贴硬木薄板，粘贴技术非常高超，边缘棱角不露破绽。

### 木材

苏作匠师们对木材的叫法，也与北方匠师有所不同。如北京的黄花梨，苏州称为降香木；北京的新花梨，苏州称为香红木；北京的老红木，苏州称为红木；北京的新红木，苏州称为酸枣木。

图 | 红木蛋圆花八仙桌

# 第二节　清式家具的特征与演变

## 清代家具的特征

清朝早期在家具上的创新并不多，只有尺寸扩大这一点改进，基本风格仍然延续了之前的明式家具。清中期以后，苏式家具出现了新的特征，它与当时风行全国的京式家具相互影响，但又各自保留着自己的特点，在清代各种风格的家具中独树一帜。至乾隆后期，家具的造型艺术与工艺技术达到了顶峰。这个时期，清朝家具的风格逐渐明朗起来，也真正展现出清式家具的独特审美。

酸枝木、铁力木、花梨木等使用较多，而新家具大多采用酸枝木或红木做材料。酸枝木做的家具大件较多，雕刻花

图 | 黑大漆嵌粉彩梅花扇紫檀挂屏·清中期

样很多，通常还会镶嵌玉石、金银、景泰蓝等。清朝在延续了明式家具风格的基础上，又设计出其特有的家具，如红木福寿如意太师椅、炫琴案、紫檀圆凳、钉绣墩等家具。

　　清式家具继承了明式家具的结构特点，它们的不同之处就在于，清式家具在尺寸上比明式家具更追求宽大、厚重、奢华，因此用材也更为粗大。另外一个显著的特征是高束腰家具的出现和拐子纹在结构上的使用。清式家具中的高束腰家具增加了一个可用作装饰的部分，使镶嵌、雕花等装饰工艺得到了发展；而拐子纹原本只作为一种装饰图案，清式家具在结构上将其广泛使用后，反而破坏了材料的物理性能，缩短了家具的使用寿命。

图｜榆木束腰回纹马蹄腿禅椅·清中期

从另一方面看，清式家具追求华丽的装饰，多运用镶嵌、雕刻及彩绘等表现手法，给人以富丽、豪华、稳重、威严的感觉。虽然会因此显得厚重有余、俊秀不足，给人沉闷笨重之感，但为达到其设计目的，只能利用各种手段，采用多种材料，用多种形式巧妙地装饰在家具上。因为其效果大多很好，所以，清式家具仍不失为我国家具艺术中的优秀作品。

图 | 紫檀大漆描金雕龙纹多宝柜·清乾隆

清代生产木质家具的主要有广州、苏州、北京，其中以广州最为著名。

## 清式家具的演变

清式家具从其发展历史看，大体可分为 3 个阶段。

第一阶段是清初至康熙初年。这一阶段不管是工艺水平还是工匠的技艺，与明代相比都没有明显的提升，因而这个时期的家具造型与装饰等都是明代家具的延续，其造型不似清中那样浑厚、凝重，装饰不像清中期那么繁缛富丽，用材也不如清中期那么宽绰。此外，清初期紫檀木尚不短缺，大部分家具还是用紫檀木制造的，而到清中期以后，紫檀渐少，便多以红木代替了。清初期，由于为时不长，特点不明显，没有留下更多的传世之作，所以这个时期还是属于对前代的继承期，其家具风格可以称为明式。

图 | 雕填漆嵌螺钿龙纹捧盒·清早期

图 | 紫檀框玻璃画博古清供大挂屏·清中期

第二阶段是康熙至嘉庆时期。这一时期是清代社会政治的稳定期和社会经济的繁荣期，是被历史公认的"康乾盛世"。这一阶段的家具自然也随着社会的发展、人民生活的需要及科技的进步而兴旺发达。到了清朝黄金时期的乾隆时期，家具生产技艺达到了最高峰。

这一时期的家具材质优良，做工精细，尤以装饰见长，充分展示了清盛世的国势与民风。这些盛世家具的风格与前代截然不同，它们代表着清朝的主流，被后世称为"清式风格"。概括来说，它们有如下两个特征。

1. 造型浑厚、庄重

自雍正时期开始，新品种、新结构、新装饰的家具不断涌现，如折叠式书桌、炕格、炕书架等；装饰上也不断有新的创意，如黑光漆面嵌螺钿、婆罗漆面、掐丝珐琅等；另外，福字、寿字、流云等描画在束腰上的应用，也是雍正时的一种新手法。这一时期的家具一改前代的挺秀，变得浑厚与庄重，用料宽绰，尺寸较大，体态丰硕。清代太师椅的造型，最能体现清式家具风格的特点：座面加大，后背饱满，腿子粗壮，整体造型像宝座一样雄伟、庄重。

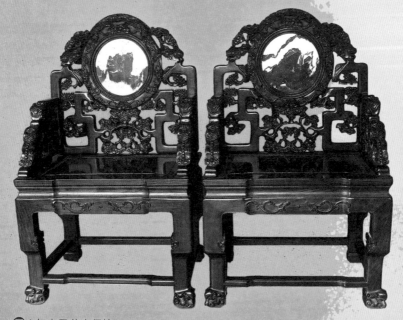

图 | 红木灵芝太师椅

2. 装饰上求多、求满，追求富贵华丽

清式家具以雕绘满眼的绚烂华丽见长，其纹饰图案也相应地体现着这种美学风格。清代家具纹饰图案的题材在明代的基础上进一步发展拓宽，植物、动物、风景、人物等无所不有，十分丰富。因其装饰求多、求满，追求富贵华丽，所以经常出现一件家具上有多种手法和多种材料并用的情况，雕、嵌、描金兼取，螺钿、木石并用。此时的家具，常见通体装饰，没有空白，达到了空前的富丽和辉煌。

图｜紫檀镶喜鹊登梅喝彩帽架（一对）·清

吉祥图案在这一时期非常流行，但大都以贴近老百姓的生活为目的，与明式家具的清风雅趣相比，多少显得有些世俗化。晚清的家具装饰花纹多把一些物品的名称拼凑成吉祥语，如"鹿鹤同春""年年有余""早生贵子"等；宫廷贵族的家具则多用"祥云捧日""双龙戏珠""洪福齐天"等。

明末清初，西方文化艺术逐渐传入中国，雍正以后，开始盛行一种西洋纹样。特别是清代广式家具，开始采用中西结合的方式，即以中国传统做法制成器，但雕刻的是西式纹样。这种纹样通常是一种形似牡丹的花纹，这种花纹出现的年代相对晚一些。

图｜红木镶云石六抽书桌

图｜紫檀嵌瘿木芯方凳·清乾隆

第三阶段是道光以后至清末。到同治、光绪时期时，社会经济每况愈下，同时，由于外国资本主义经济、文化以及教会宗教的影响，使得中国原本自给自足的封建经济形式发生了变化。外来文化的传入，使我们的传统审美也受到影响。这一时期的家具风格，也不例外地同样受此影响而发生了变化。其造型上受到法国建筑与法国家具上的洛可可风格影响，追求女性的曲线美和过多的装饰。木材不求高贵，做工也比较粗糙。

# 第三节　明式家具与清式家具的区别

　　明式家具与清式家具主要从作品的用材、造型、构件、装饰等方面来加以区别。一般以清代乾隆为界，明代及盛清以前均可纳入明式家具的范畴，清式家具则指乾隆以后到清末民初。

图 | 黄花梨花鸟纹五屏风式镜台·清早期

# 用材

在不同的历史时期，由于政治、经济特点及生活习俗和审美趣味的不同，家具的制作常会采用不同种类的木材。因此一些古家具的用材会直接反映出该家具的产地及年代，这是辨别古家具文物的一个重要依据。

明清家具在用材方面具有鲜明的时代特点。传世的明清家具中，有不少是用紫檀、黄花梨、鸡翅木、铁力木、乌木等木材制作的。因在清代中期以后，这些珍贵木料日渐匮乏，成为罕见稀材，所以，凡是以这几种硬木制成的家具，大都是传世已久的明代或清代前期的遗物。虽说也有后代仿制的此类家具，但因材料难得，且价格昂贵，因此为数甚少。

图｜紫檀木雕屏风

图｜黄花梨束腰三弯腿带托泥花几·清

现存的传统硬木家具中，有许多是用红木、新黄花梨或新鸡翅木制作的。由于这几种木材是在紫檀、黄花梨等名贵木材日益难觅的情况下才被大量使用的，所以，这些木材制作的家具，大多为清代中期以后至晚清民国时期的产品。如有用红木、新黄花梨或新鸡翅木制作的明式家具，因其材料的年代与形成的年代不吻合，所以大多为近代的仿制品。

当然，这不能一概而论，从文献记载看，红木与花梨木很可能在清代初期就已开始被用于制作家具，而在江南一带也确实发现一些明式红木家具并非近代仿制，而是清代早期的遗物。但从整体上说，红木家具的大量出现仍是清代中期以后的事。

图 | 黑漆螺钿龙纹墨盒·清康熙

值得注意的是，有大量传世的榉木家具，不能以材质来判断年代。因为它在明清两代均被广泛用于制作家具，形式上也较多地保持一致，许多清代中期或更晚的榉木家具，仍然沿袭着明代的手法。所以，判断榉木家具的年代，应更多地依靠其他方面的特点来进行鉴定。

图 | 榉木束腰马蹄腿拐子纹扶手椅·清

图 | 红木雕花多宝槅

## 品种与造型

年代不同，家具的品种也有很多差异。明代的椅子常见有四出头式和官帽式，还有圆椅、玫瑰椅等。四出头式和官帽式椅子曾在明代墓葬中被发现，所以在鉴定中可以判断，凡与这类出土椅凳风格类似的传世扶手椅品种，应该考虑为明式制品。有些较早出现的家具品种，到了清代以后就不流行了；也有一些家具品种出现的时间较晚，早期不可能制作。

如圆背交椅，进入清朝以后便不再流行，从传世品来看，它们多用黄花梨制作，很少有红木或新黄花梨的制品。所以，传世的圆背交椅基本都是明式家具；而式样庄重、体态硕大的太师椅，则是清式家具的代表。再如茶几，当初是为了适应清代家具的布置方法而产生的品种，传世的大量实物中多为红木，新黄花梨制品未见年代较早的。很显然，茶几是清式家具品种。此外，如折叠椅、折叠香几等，都是清代雍正以后出现的新品种。

图 | 黄花梨木圆背交椅

明清家具还可以从其造型和造型的变化来加以区分。如搭脑两端出头、扶手两端不出头的扶手椅，或搭脑两端不出头、扶手两端出头的扶手椅，大多是明式家具扶手椅的早期造型式样，其制作年代一般不会晚于清代中期。再如柜子，明式以圆角柜居多，侧脚收分明显，不重雕刻，以各种流畅的线条装饰为主；而清朝开始，这类圆角柜逐渐减少，代之而起的是方角柜，下方正平直，侧脚收分渐小；到清代中期以后基本就没有侧脚了，并且装饰雕刻也由简洁变得烦琐。甚至家具的腿足造型的变化，也可作为断代的依据。如桌椅的腿足，就经历了一个由细瘦到粗壮的变化过程，凡具有前者特征的桌椅，其年代一般要早于后者。

图｜紫檀束腰拐子纹方桌·清

图｜黄花梨软屉圈椅

## 构件

辨别明清家具，有时也可以以某些构件来作为依据。如明代官帽椅的靠背，基本光洁无纹；清代官帽椅的靠背，绝大多数为雕花板，很少见到素板。又如明式家具的管脚枨都用直枨，而清中期以后管脚枨常用罗锅枨，这是区别明式家具和清式家具十分重要的一点。

# 装饰

　　不同时代的装饰风格是区分明清家具的另一个重要依据。明代与清代家具区别的一个明显标志是镶嵌工艺：明代家具很少用镶嵌工艺，而清代镶嵌工艺则非常发达。

　　家具上的装饰花纹与其他工艺品的花纹一样，都有鲜明的时代性。因此，在鉴定家具时，可以与有确切年代的其他工艺品上的花纹进行比照。如明清家具上常见的龙纹、凤纹、螭纹、葡萄纹、牡丹纹、如意纹、卷草纹及各式吉祥图案等，在当时其他各类工艺品上也是常见的装饰纹样。再比如，清代瓷器上最喜欢用的装饰题材是吉祥图案，家具上的装饰图案自然也是如此，许多图案的组合都含有吉祥、富贵的寓意，如常见的有"五蝠捧寿""鹊上梅梢""麒麟送子""吉庆有余""龙凤呈祥""海屋添筹"等，尤其清晚期的家具，比比皆是。

图｜紫檀龙纹大盖盒·清乾隆

图｜圆后背交椅

## 圆后背交椅

　　交椅是马扎的发展，也可以说是带靠背的马扎。在宋代和元代，有直背交椅，也有圈背的。明代的交椅就是圈背交椅的延续与发展，《三才图会》名之曰"折叠椅"。比较有名的交椅有黄花梨圆后背交椅、透雕麒麟后背交椅、黑漆金理勾彩绘图圆后背交椅、宋肩背交椅等。进入清代后，圆后背交椅渐渐不流行了，后来也就不再生产了。

# 第二章
# 明清家具的用材与结构

　　古典家具在主要用材上通常选用优质木材，明清家具也不例外。明清时期很多珍贵木材还未稀缺，如紫檀木、红木等，往往被用作家具材料。这些贵重木材质地致密坚实，色泽沉静素雅，花纹生动自然，往往被充分用于家具的表面；而里面或背面一般则用一些质地松软的白木来辅助。除此之外，明清家具还有大量的附属材料，如纹理奇特的石材、五彩缤纷的螺钿和形式各异的金属饰件等。主材和附属材料的完美结合，不仅体现了当时工匠们高超的技艺，也反映了深厚的文化内涵。

# 第一节　明清家具主要用材

　　明清时期家具用材的突出特点是采用较为贵重的优质木材。明式家具大多利用木质本身的自然色彩，很少雕刻花纹。家具的边角处多刻出线条，既增加美观效果，又不破坏木质纹理的自然特色。即使偶有雕刻花纹，也不过是局部点缀，且都刻得浮浅、简单，尤其在花梨、紫檀、铁力和鸡翅木等硬质材料家具上，更是如此。清式家具虽多雕刻，追求繁缛，但对木材本身纹理的利用也颇讲究。

图｜红木苏式琴桌·清

　　明清家具所采用的材料还有一个共同特点，即材质坚硬，花纹瑰丽。用这样的材料可以制作出复杂的榫卯，并能刻出各式各样的装饰线条与花纹。

图｜如意红木书桌

明清家具所用木材大致有如下几种：紫檀木、花梨木、鸡翅木、铁力木、红木、楠木、瘿木、乌木、黄杨木和榉木等。

图 | 紫檀雕云龙海水纹玺印盒盖

## 紫檀

紫檀是世界上最名贵的木材之一，有"木中黄金"之称。紫檀木主要产于南洋群岛的热带地区，其次是交趾，我国广东、广西也产紫檀木，但数量不多。紫檀是常绿亚乔木，高五六丈，复叶，花蝶形，果实有翼，木质甚坚，色赤，入水即沉。紫檀木分新、老两种，老者色紫，新者色红，均有不规则的蟹爪纹，其特征主要表现为颜色呈犀牛角色，久暴露在空气中则变成紫黑色。它以绞丝状的年轮为多，虽然也有直丝的地方，但细看总有绞丝纹。紫檀木棕眼细密，木质坚重。

图 | 紫檀雕卷云纹銮扇柄托·清乾隆

鉴别新老紫檀的方法：新紫檀用水浸泡后掉色，老紫檀浸水不掉色；在新紫檀上打颜色擦不掉，老紫檀打上颜色一擦就掉。据《中国树木分类学》介绍："紫檀属豆科中的一种。约有 15 种，多产于热带。其中有两种亦产于我国，一为紫檀，一为蔷薇木。"从目前国内现存的紫檀器物看，至少有一部分是蔷薇木，其他紫檀料是否属同一树种，还有待植物学家做进一步的鉴定。

图｜紫檀百宝嵌吉庆有余大座屏·清乾隆

图｜紫檀圆角四足榻几

紫檀木树种虽多，但它们有许多共同特点，尤其是色彩都呈紫黑色。制作紫檀家具多利用其自然特点，采用光素手法。因其木质坚硬，纹理纤细浮动，尤其是它的色调深沉，显得稳重大方而美观，如果雕花过多，反而会掩盖木质本身的纹理与色彩，那就画蛇添足了。

在明代，紫檀被皇家所重视，随着海上交通的发展及郑和的七次下西洋，加强了与南洋各国的贸易和文化交流，在各国与中国定期和不定期的贸易交往中，也时常有一定数量的名贵木材的进口，其中就包括紫檀木。但这些远远满足不了中国庞大的上层集团的需求，于是明朝政府又派官员赴南洋采办。随后，私商贩运也应运而生。至明朝末年，南洋各地的优质木材基本被采伐殆尽，尤其是紫檀木，几乎全被捆载而去。截至明末清初，世界所产的紫檀木绝大多数汇集于中国。清代所用紫檀木多为明代所采，有史料记载，清代时朝廷也曾派人到南洋采办过紫檀木，但大多粗不盈握，曲节不直，根本无法使用。这是因为紫檀木生长缓慢，非数百年不能成材，明代采伐殆尽，清时尚未复生，来源枯竭，这也是紫檀木为世人所珍视的一个重要原因。

图 | 紫檀人物笔筒·清早期

清代中期，由于紫檀木的紧缺，皇家还不时从私商手中高价收购木材。清宫造办处活计档中差不多每年都有收购紫檀木的记载。这一时期逐渐形成一个不成文的规定，即不论哪一级官吏，只要见到紫檀木，绝不能放过，要悉数买下，上交皇家或各地织造机构。清中期以后，各地私商囤积的木料也全部被皇室收买，这些木料为装饰圆明园和建造宫内大殿用去了一大批，同治、光绪大婚和慈禧六十大寿过后已所剩无几，至袁世凯时，已将仅存的紫檀木全数用光。

图 | 御制紫檀西洋花纹扶手椅（一对）·清乾隆

属于紫檀属的木材种类繁多，但在植物学界中公认的紫檀却只有一种，即"檀香紫檀"，俗称"小叶檀"，其真正的产地为印度南部，主要在迈索尔邦。其余各类檀木则被归纳在草花梨木类中。

近年来，随着家具收藏队伍的扩大，有些商贩以次紫檀做旧出卖，谋取不义之财。收藏者在购买紫檀家具时，要提高警惕，凡表面上漆上色、使木质纹理混浊不清的，应首先考虑是否是新制仿旧，仔细观察，做出正确的判断，以避免不必要的损失。

图｜刀状黑黄檀靠背椅

图｜紫檀福寿四方盖盒

## 紫檀木的鉴别

鉴定紫檀木的几个绝招：

### 1. 看

对照紫檀木的纹理特征，仔细观察。最好准备不同纹理的两三块正宗紫檀样板，比较着看，看多了就能找到识别紫檀纹理的感觉了。

### 2. 掂

掂一掂紫檀物件，一方面通过掂，看其是否达到紫檀木（该体积应该达到）的重量；另一方面在掂的过程中注意手感。一般来说，掂紫檀物件的数量超过八百件，就有手感了。

### 3. 闻

用小刀刮一下木茬，闻一下木屑的气味。"檀香紫檀"有淡淡的微香，香味过浓者和无香气者都可能不是真品。

### 4. 泡

用水或白酒泡紫檀的木屑或锯末。紫檀木屑泡过水的浸出液为紫红色，上面有荧光；紫檀木屑用酒精泡过之后可以染布，永不掉色。

### 5. 敲

用正宗的紫檀木块，最好是"紫檀镇尺"，轻轻敲击紫檀物件，听其声音，紫檀木的敲击声清脆悦耳，没有杂音。

鉴别紫檀其实并没有捷径，唯一能做的就是勤看、勤掂、勤闻、勤泡、勤敲。

# 花梨木

花梨木色彩鲜艳，纹理清晰美观，我国广东、广西有此树种，但为数不多，大批用料需靠进口。据《博物要览》载："花梨产交（交趾）广（广东、广西）溪涧，一名花榈树，叶如梨而无实，木色红紫而肌理细腻，可做器具、国学课桌、国学课椅、云头条案、文房诸器。"据《枯古要论》记载："花梨木出南番、广东，紫红色，与降真香相似，亦有香。其花有鬼面者可爱，花粗而色淡者低。"

图 | 黄花梨满彻大顶箱柜

我国自唐代便有用花梨木制作的器物。唐代陈藏器《本草拾遗》有"榈木出安南及南海，用作床几，似紫檀而色赤，性坚好"的记载。明《格古要论》提道："花梨木出南番、广东，紫红色，与降真香相似，亦有香。其花有鬼面者可爱，花粗而色淡者低。广人多以做茶酒盏。"侯宽昭等人编的《中国种子植物科属词典》介绍了一种在海南被称为花梨木的檀木——"海南檀"，海南檀为海南岛特有，是森林植物，喜生于山谷阴湿之地。海南檀木材颇佳，边材色淡，质略疏松；芯材为红褐色，坚硬，纹理精致美丽，适于雕刻和做家具用。

图 | 黄花梨云纹花片方角柜

　　通过以上记载可知，花梨木的品种应该为两种以上，而黄花梨即明代黄省在《西洋朝贡典录》中所介绍的"海南檀"。还有一种与花梨木相似的木种，名"麝香木"。据《诸蕃志》载："麝香木出占城、真腊，树老仆湮没于土而腐。以熟脱者为上。其气依稀似麝，故谓之麝香。若伐生木取之，则气劲而恶，是为下品。泉人以为器用，如花梨木之类。"

　　花梨木也有新、老之分。老花梨木即通常所说的黄花梨，颜色由浅黄到紫赤，色彩鲜美，纹理清晰而有香味。明代比较考究的家具大多由老花梨木制成。新花梨木色赤黄，纹理色彩较老花梨稍差。花梨木的这些特点，在制作器物时多被匠师们充分利用与发挥，一般采用通体光素、不加雕饰的手法，从而突出木质本身纹理的自然美，给人以文静、柔和的感觉。

图｜黄花梨蟠龙纹六柱式架子床

目前市场上流通的老挝花梨和越南花梨，色彩、纹理与古家具中的花梨接近，只是丝纹较粗，木质也不硬，色彩亦不如海南黄花梨鲜艳。凡此类木材制品，多为新仿。

图 | 黄花梨天平架

# 鸡翅木

鸡翅木又作"杞梓木"，北方人称之为"老榆"。分布于亚热带地区，多出产于我国广东、广西、云南、海南岛及东南亚、南亚、非洲等地，因其木质纹理酷似鸡的翅膀，故得名。

屈大均的《广东新语》把鸡翅木称为"海南文木"，其中讲到有的白质黑章，有的色分黄紫，斜锯木纹呈细花云。籽为红豆，可做首饰，因此兼有"相思木"之名。还有以其籽称为"红豆木"的，唐诗"红豆生南国，春来发几枝"句即指此。据《格古要论》介绍："鸡翅木出西番，其木一半紫褐色，内有蟹爪纹，一半纯黑色，如乌木。有距者价高，西番做骆驼鼻中绞子，不染肥腻。常见有做刀把儿，不见其大者。"但从传世实物看，并非如此，北京故宫博物院就藏有清一色的鸡翅木条案和扶手椅。因此如果说鸡翅木较紫檀、黄花梨更为奇缺，倒是事实，若说鸡翅木无大料，显然不妥。

图 | 老榆木罗汉床（鸡翅木）

　　鸡翅木也有新老之分，据家具界老师傅们的经验，新者木质粗糙，紫黑相间，纹理混浊不清，木丝容易翘裂起荏；老者肌理细腻，有紫褐色深浅相间的蟹爪形花纹，细看很像鸡翅，尤其是其纵切面，木纹纤细浮动，变化无穷，自然形成各种山水、风景图案。实际情况是新、老鸡翅木属红豆属植物的不同品种，因此据陈嵘《中国树木分类学》介绍，鸡翅木属红豆属，计约 40 种，侯宽昭《中国种子植物科属词典》则称共有 60 种以上。我国产 26 种，有的色深，有的色淡，有的纹美，有的纹差，只是品种不同而已，新、老鸡翅木的说法显然不科学。

图 | 鸡翅木雕花条案

由于鸡翅木比花梨、紫檀等木质纹理更具特色，因此匠师们在制作家具时需反复衡量每一块木料，尽可能把纹理整洁和色彩优美的部分用在表面。优美的造型加上色彩艳丽的木纹，使鸡翅木家具增添了浓厚的艺术韵味。明清两代的鸡翅木家具数量不多，所以更受收藏者的青睐。目前市场上能见到的鸡翅木家具大多为仿品。

图｜鸡翅木秀墩凳（一对）

## 黄花梨购买小窍门

　　（1）黄花梨木本身是中药，有一种中药的味道。

　　（2）质地坚硬，纹理清晰美观，视感极好，有麦穗纹、蟹爪纹，纹理或隐或现，生动多变。

　　（3）有鬼脸。鬼脸是生长过程中结疤所致，它跟普通树的结疤不同，并没有什么规则，所以人们叫它"鬼脸"，但不能说是黄花梨木都有鬼脸。

　　（4）荧光。家具老艺人有一个多年的经验：黄花梨有萤火虫般的磷光，木屑经浸泡后水是绿的。

# 铁力木

　　铁力木别称"铁栗木""铁木"，木质较坚硬，是我国云南和广西特有的珍贵阔叶树种。木材珍贵优良，有光泽，结构均匀，纹理交错密致，强度大、耐磨损、抗腐、抗虫蛀、耐久性强。铁力木为常绿大乔木，树干通直，气势雄伟，是珍贵的热带用材树种，无特殊气味。

图 | 铁力木三联龙纹太师椅

　　《南越笔记》中有记载："铁力木理甚坚致，质初黄，用之则黑。梨山中人以为薪，至吴楚间则重价购之。"因为铁力木是最高大的一种硬木树种，所以常被用来制成大件家具。铁力木材质坚重，色泽纹理与鸡翅木相差无几，只靠肉眼看很难分辨。有些破损的铁力木家具构件常用鸡翅木混充。凡用铁力木制作的家具都极其经久耐用。

图 | 铁力木架几案

# 酸枝木

酸枝木为豆科植物中蝶形花亚科黄檀属植物，主要分布于热带、亚热带地区。在黄檀属植物中，除海南岛降香黄檀被称为"香枝"（俗称黄花梨）外，其余尽属酸枝类。因其在加工时会发出食用酸的味道，故名酸枝。酸枝木大体分为3种，即黑酸枝、红酸枝和白酸枝。

图 ┃ 酸枝木家具

在3种酸枝木中，黑酸枝木是最好的，其颜色由紫红至紫褐或紫黑，木质坚硬，抛光效果好。有的黑酸枝与紫檀木极为接近，常被人们误认为是紫檀。但有很多黑酸枝纹理较粗，不难辨认。红酸枝的纹理较黑酸枝更为明显，其纹理顺直，颜色大多为枣红色。白酸枝颜色比红酸枝要浅很多，色彩更接近草花梨，有时很容易与草花梨相混淆。目前市场上的新仿家具中有大量黑酸枝制品被当成紫檀木制品出售。甚至有经验的专家很多时候亦难分清，广大收藏爱好者则更难分辨了。

图 ┃ 酸枝木罗汉床

## 红木

　　所谓"红木"，最开始并不是指某一特定的树种，而是自明清以来对稀有优质硬木的统称。目前国家标准已明确界定了其范围。所以我们对红木的认识可以从广义与狭义两方面来理解。

　　广义的红木：据国家标准，红木的范围确定为5属8类，共33个树种。

　　狭义的红木：实际上就是指酸枝木，主要是东南亚、南亚传统的红木来源地所产的豆科黄檀属的黑酸枝、红酸枝，也是指历史上被大量使用的酸枝木，不包括目前从非洲或南美进口的酸枝木。北方与江浙地区俗称其为"老红木"，广东地区则称之为"酸枝木"，其木纹在深红色中常带有深褐色或黑色条纹，是它区别于其他红木的最明显之处。因其古色古香之感，自乾隆以后，备受上流社会推崇。

# 楠木

　　楠木为常绿乔木，高十余丈，叶为长椭圆形，多产自我国四川、云南、广西、湖北、湖南等地。《博物要览》记载："楠木有三种，一曰香楠，又名紫楠；二曰金丝楠；三曰水楠。南方者多香楠，木微紫而清香，纹美。金丝者出川涧中，木纹有金丝。楠木之至美者，向阳处或结成人物山水之纹。水河山色清而木质甚松，如水杨之类，唯可做桌凳之类。"《格物总论》还有"石楠"一名："石楠叶如枇杷，有小刺，凌冬不凋，春生白花，秋结细红实。"

图 I 金丝楠四扇屏

《群芳谱》中记载："楠生南方，故又作'南'，黔蜀诸山尤多。其树童童若幢盖，枝叶森秀不相碍，若相避。然叶似豫樟，大如牛耳，　头尖，经岁不凋，新陈相换。花赤黄色，实似丁香，色青，不可食。干甚端伟，高十余丈，粗者数十围。气甚芬芳，纹理细致，性坚，耐居水中。籽赤者材坚，籽白者材脆。年深向阳者结成旋纹为'骰柏楠'。"

晚明谢在杭在《五杂俎》中曾提道："楠木生楚蜀者，深山穷谷不知年岁，百丈之干，半埋沙土，故截以为棺，谓之沙板。佳者解之，中有纹理，坚如铁石。试之者，以署月做盒，盛生肉经数宿启之，色不变也。"传说这种木材水不能浸，蚁不能穴。南方人用作棺木或牌匾。至于传世的楠木家具，则如《博物要览》中所说，多用水楠制成。

　　因楠木材大质坚且不易糟朽，所以明代宫殿及重要建筑的栋梁都采用楠木。清代康熙初年，朝廷也曾派官员往浙江、福建、广东、广西、湖北、湖南、四川等地采办过楠木，但因耗资过多，康熙帝认为此举太过奢侈，劳民伤财，无裨于国事，遂改用满洲黄松。所以如今北京的古建筑中，楠木与黄松大体参半。世俗有因楠木美观而在杂木之外另包一层楠木的做法，至于日用家具，楠木占最少数，原因是其外观终究不如其他硬木华丽。

图 | 紫檀嵌楠木条案

# 榉木

图 | 榉木亮格柜·清

榉木也可写作"椐木"或"椇木"，明代方以智在《通雅》中又称其为"灵寿木"。榉木属榆科，落叶乔木，高数丈，树皮坚硬，灰褐色，有粗皱纹和小凸起；叶互生，呈广披针形或长卵形，有锯齿，叶质比较薄。春日开淡黄色小花，单性，雌雄同株，花后结小果实，稍呈三角形。木材纹理直，材质坚致耐久，花纹美丽而有光泽。我国江苏、浙江产此木，北方无此木种，因而称其为"南榆"。从分类学来讲，榉木还包括英国、丹麦、法国的山毛榉（以产地命名）。树高一般可达 30 米，偶尔可达 50 米，直径可达 1.3 米。产于欧洲大陆和英国等地。

榉木虽算不上硬木类，但在明清两代传统家具中使用极广，至今仍有大量实物传世。这类榉木家具多为明式风格，其造型及制作手法与黄花梨等硬木基本相同，具有一定的艺术价值和历史价值。

图 | 榉木圈椅·清

# 乌木

乌木又称"巫木"，是常绿亚乔木，属柿科植物，产于海南、云南等地。叶长椭圆形而平滑，花单性，淡黄，雌雄同株；其木坚实如铁，老者纯黑色，光亮如漆，可为器用。晋崔豹所著的《古今注》中载："乌木出交州，色黑有纹，亦谓之'乌文木'。"明代黄省曾在《西洋朝贡典录》中又称之为"乌梨木"，人多誉为珍木。

图 | 乌木嵌瘿木半桌

乌木并非单指一种，《南越笔记》载："乌木，琼州诸岛所产，土人折为箸，行用甚广。志称出海南，一名'角乌'。色纯黑，甚脆。有曰茶乌者，自番舶，质甚坚，置水则沉。其他类乌木者甚多，皆可做几杖。置水不沉则非也。"明末方以智《通雅》称乌木为"焦木"。"焦木，今乌木也。"注曰："木生水中黑而光。其坚若铁。"可见乌木可分数种，木质也不一样，还有沉水与不沉水之别。

图 | 毛药乌木圆角衣柜

图 | 厚瓣乌木圆桌

图｜瘿木鼓式圆桌

# 瘿木

　　瘿木又称"影木"，不是特指某一个树种，而是泛指树木的根部和树干所生的瘿瘤或泛指这类木材的纹理特征。瘿木分为南瘿和北瘿，南方以枫树瘿较多，北方则多榆树瘿。南瘿多盘曲奇特，北瘿则大而多。《格古要论·异木论》载："瘿木出辽东、山西，树之瘿有桦树瘿，花细可爱，少有大者；柏树瘿，花大而粗，盖树之生瘤者也。国北有瘿子木，多是杨柳木，有纹而坚硬，好做马鞍鞒子。"据老一辈匠师们讲，瘿木有很多种，如楠木瘿、桦木瘿、花梨木瘿和榆木瘿等。

　　《博物要览》卷十载："影木产西川溪涧，树身及枝叶如楠，年历久远者，可合抱。木理多节，缩蹙成山水人物鸟兽之纹。"《博物要览》的作者谷应泰还曾在重庆余子安家中见一瘿木桌面，长一丈一尺，阔二尺七寸，厚二寸许。满面胡花，花中结小细葡萄纹及茎叶之状，名"满架葡萄"。《格古要论》中有"骰柏楠"一条："骰柏楠木出西蜀马湖府，纹理纵横不直，中有山水人物等花者价高。四川亦难得，又谓骰子柏楠，今俗云'斗柏楠'。"

《古玩指南》中提道："桦木出辽东，木质不贵，其皮可用包弓。唯桦木多生瘿结，俗谓之桦木包。取之锯为横断面，花纹奇丽。多用之制为桌面、柜面等，是为桦木影。"《博物要览》介绍花梨木出产品第时说："亦有花纹成山水人物鸟兽者，名花梨影木焉。"

大块瘿木通常取自根部，很少能取自树干部位。《格古要论》"满面葡萄"条云："近岁户部员外叙州府何史训送桌面是满面葡萄尤妙。其纹脉无间处是老树千年根也。"树木的瘤原本就是由生病所致，所以数量稀少，大材更是难得。所以瘿木大都被用作面料，四周用其他木料包边，世人所见的瘿木家具，大致如此。

## 黄杨木

黄杨木是常绿灌木，枝叶攒簇向上，叶初生如槐牙丰厚，四时不凋，生长很缓慢。旧时传说黄杨很难长，每年只长一寸，遇闰年不长反缩一寸。《博物要览》中曾提及有人做过试验，闰年并非缩减，只是不长。《花镜》卷三中介绍黄杨木说："黄杨木树小而肌极坚细，枝丛而叶繁，四季常青，每年只长一寸，不溢分毫，至闰年反缩一寸。"苏轼曾在《监洞霄宫俞康直郎中所居四咏》中云："园中草木春无数，唯有黄杨厄闰年。"

采伐黄杨木的要求极其严格，《酉

图｜红木嵌黄杨木花鸟多宝槅

阳杂俎》云："世重黄杨木以其无火也，用水试之，沉则无火。凡取此木，必以阴晦夜无一星，伐之则不裂。"

黄杨木木质坚硬，因过于难长而没有大料，通常用来制作木梳及刻印等，而在家具方面则多用作镶嵌或雕刻等装饰材料，并不曾见有整件黄杨木家具。黄杨木色彩艳丽，上品者色如蛋黄，镶嵌于紫檀等深色木器上，形成强烈的色彩对比，互相映衬，异常美观。

图｜黄杨木小座·清

# 樟木

樟木为常绿乔木，树皮为黄褐色，略暗灰，芯材红褐色，边材灰褐色，有不规则的纵裂纹，主要产于长江以南及西南各地。木高丈余，小叶似楠而尖，背有黄毛或赤毛；四时不凋，夏季开花结籽；肌理细而错综有纹，切面光滑并有光泽，上漆后色泽非常美丽，干燥后不易变形；胶接后性能良好，且具有极强的耐久性；可以进行染色处理，宜于雕刻。因其木气比较芬烈，可起到驱避蚊虫的作用，故多用于家具表面的装饰材料和箱、匣、柜子等存贮用具。

图｜樟木箱

## 榆木

榆木，榆属，落叶乔木，树高大，主要产于温带，在我国北方各地，尤其黄河流域随处可见。树高者达十丈，皮色深褐有扁平的裂痕，常为鳞状而剥脱；叶呈椭圆形，缘有锐锯齿，厚而硬，较为粗糙。三四月间开细花，多数攒簇，色淡而带紫；果实扁圆，有膜质之翅，谓之榆荚，亦云榆钱，可食。其木纹理直，结构粗，材质略坚重，适宜制作各式家具。凡榆木家具均在北方制作和流行。

图Ⅰ 老榆木平头雕花长条案

## 南柏

柏木属柏科，所属种类有 20 多种，其中有干香柏、巨柏等树种。柏木为常绿大乔木，高可达 30 米，直径可达 2 米，树冠为圆锥形；树皮幼时为红褐色，老年时呈褐灰色，纵裂成窄长条片。

我国民间习惯将柏树以秦岭淮河为界分为南柏和北柏两类，南柏的质地通常要优于北柏，因此在家具的使用中更加广泛。南柏为橙黄色，肌理细密匀称，近似黄杨，俗称黄柏。此外柏木还带有芳香，木性不翘不裂，耐腐朽，适用于做雕刻板材，属于软性木材中较名贵的材种。

图Ⅰ 柏木平头案

## 杉木

杉木属常绿乔木，又名"刺杉""沙木"。杉木在我国分布的范围较广，品种也较多，北起秦岭南坡，南至两广、滇、闽等地均可见到。杉木最高能达40米，胸径可达2米~3米，树干通直圆满，树叶呈披针形；边材一般为淡黄褐色，芯材则为紫褐色，而且颜色会随着时间加深。

杉木木质较轻软，能耐腐朽及虫蚀，变形较小，自古以来就是建筑、造船及各类家具的常用材料，尤其在民间，用途极广。杉木生长周期短，是我国特有的速生商品材树种，具有极高的商用价值。

图 | 杉木多宝柜

## 桦木

桦木一般是桦木属约100种乔木和灌木的通称，多产于我国辽东和西北地区。属落叶乔木，高10米~14米，树皮色白有多层，易剥离。桦树分两种：一为白桦，呈黄白色；二为枫桦，呈淡红褐色，木质比白桦略重。总体来说，桦木木质稍重且硬，有弹性，加工性能良好，切削面光滑，适用于制作家具表里材。

图 | 桦木茶台

# 楸木

楸木俗称"楸子""胡桃楸",民间将不结果的核桃树称为楸。楸木是核桃属,落叶乔木,高可达20米,我国是其原产地,大多见于东北及华北地区,也被写作"榀木""榎木""椅木""梓木"。

楸树的叶子既可药用又可食用,李时珍曾在《本草纲目》中这样介绍楸木的药用价值:"楸树叶捣敷疮肿,煮汤洗脓血。冬取干叶用之。"又说:"楸树根、皮煮之汤汁,外涂可治秃疮、瘘疮及一切毒肿。"明代的鲍山则在《野菜博录》中记载:"楸木叶食法,采花炸熟,油盐调食。或晒干,炸食、炒食皆可。"同时,其叶还可以当猪的饲料,苏轼曾在《格致粗谈》中讲道:"桐梓二树,花叶饲猪,立即肥大,且易养。"

图 | 楸木灵芝拱璧坤椅(一对)

因楸树生长非常缓慢,需60~80年方可成材,故而特别稀少,极为名贵。楸木的抗腐朽性很强,几乎不变形,又极少开裂,于是明清两代制作床榻、柜橱及架格等大件家具常以其为主料,同时配以高丽木、核桃木等。楸木家具的实用性与观赏性不亚于红木家具,同时,它还具有红木家具没有的特征,如坚致耐用、不开裂、不变形。目前市场上有些仿古家具是用楸木为原料,因其坚实耐用,自然古朴,因而颇受家具爱好者喜欢。

图 | 楸木组合花架

## 木材的药用

我们知道很多花草植物是药材，但甚少知道很多木材同样具有药用价值。我国的国家药品标准《中华人民共和国药典》在1985年版的药材品种以及制品中，收载药材446种，其中植物药材383种，占86%；动物药材47种；矿物药材21种，占5%。在383种植物药材中，就包括很多木材。

如江西的樟树，有"药不过樟树不灵，药不到樟树不齐"的美称。樟树药材可谓"东南西北中兼收并蓄，甘辛苦咸酸五性俱全，广征博取，应有尽有"。

如紫檀木，檀香紫檀是一味名贵的中药，《本草纲目》载："紫檀咸寒，血分之药也。故能和营气而消肿毒、治金疮。"可见，紫檀具有收敛止血的药效。

再如楠木，北宋医家唐慎微所著的《证类本草》卷十三中记载："楠木枝叶味苦温、无毒、主霍乱，煎汁服之，木高大，叶如桑，出南方山中。郭注《尔雅》云，楠，大木，叶如桑也。"霍乱是指起病急骤、猝然发作、上吐下泻的疾病，多发于夏秋季节，患者又大多有贪凉和进食腐馊食物等情况，故认为主要由感受暑湿、寒湿秽浊之气及饮食不洁所致。所以楠木枝叶煎汤汁服用，有辅助治疗霍乱的作用。

又如含咽楸木汁，能治口疮。杉木可用于治疗妇科血症疾病："治妇人崩中下血不止，通神散方。又方：杉木节一两，烧灰，蚕纸一张，烧灰。右件药，细研为散，每服不计时候，以粥饮调下二钱。"（见《医方类聚》卷二百八，妇人门三）海南岛的黄花梨（学名为海南岛降香黄檀）在民间被认为有降压作用，据传海南岛降香黄檀木锯削浸泡之水饮用，可辅助治疗高血压，当地人称其为"降压木"。

图 | 大漆嵌玉雕花屏风

# 第二节　明清家具附属用材

## 石材

家具材料中的石材主要有大理石、花斑石、祁阳石、湖山石及花蕊石等。有的石材会自然形成山川烟云图案，产生水墨山水画的氤氲艺术效果，此为上品。石材通常被制成板材，用于屏风式罗汉床的屏芯、桌凳的面芯、插屏的屏芯及柜门门芯等，它与木料的深沉材色交相辉映，赏心悦目。

**图** | 和田碧玉雕山水人物故事插屏

图｜大理石挂屏（一组4件）

## 大理石

明清家具使用最多的石材是大理石，其原指产于云南大理的白色带有黑色花纹的石灰岩，剖面可以形成一幅天然的水墨山水画。后来大理石这个名称逐渐发展为称呼一切有有色花纹、用来做建筑装饰材料的石灰岩。白色大理石一般被称为汉白玉，但西方制作雕像的白色大理石也被翻译为大理石。

图｜绿松石镶拼"海屋添筹"冰梅插屏·清乾隆

大理石质地坚硬，光亮润滑，花纹千变万化，因其天然形成的纹理美如着色的山水画，奇妙无比，故根据颜色的不同可将其分为彩花石、云灰石、纯白石和水墨石4种。

彩花石的白底上有各种天然彩色花纹。按色泽的不同，彩花石有绿花、秋花、金镶玉、葡萄花之分。绿花青翠如碧，秋花艳似晚霞，金镶玉多呈黄绿色，葡萄花则为紫色。其中绿花最优，也最为稀少。彩花石夹生在云灰石矿床中，储量很少，不易开采，极为珍贵。

云灰石又叫"水花石"，古代也称"础石""醒酒石"，灰白色底上带黑灰色水纹状花纹。云灰石耐压且不易破裂，具有很好的耐腐性；石质细腻，通常用于制作桌面、坐墩面等，又可用于房屋的柱子基石。

纯白石因石质细腻、洁白晶莹且经打磨后光鉴照人，故在家具装饰中是极为优良的石材。近代赵汝珍《古玩指南》中载："白色大理石以洁白如玉者为上品，杂色者以天成山水云烟如米氏画境者为佳，否则均不为贵也。"

水墨石是极为稀有、名贵的大理石，因其白底带淡墨色花纹，磨制后光洁平滑，多表现出淡墨写意画的意韵，故一般用于镶嵌插屏、围屏屏芯和椅背板。

图 | 海南黄花梨嵌大理石山水太师椅（一对）·清中期

图 | 花斑石印盒·清中期

## 花斑石

花斑石又名"紫花石""土玛瑙"，其质地坚韧，细腻润泽，图案丰富多变，色彩斑斓亮丽，兼有红、紫、绿、橙、黄等多种颜色。明代曹昭的《格古要论》中载："土玛瑙，此石出山东兖州府沂州。花纹如玛瑙，红多而细润，不搭粗石者为佳。胡桃花者最好，亦有大云头花者及缠丝者皆次之，有红白花粗者又次之。大者五六尺，性坚，用砂锯板，嵌台桌面几床屏风之类。又曰锦屏玛瑙。"

花斑石是石材中的珍品，历史上始终为皇家所用，禁止民间私自开采。元代的大明殿，明代的奉天殿、皇极殿（清代太和殿的前身，俗称金銮殿），清代的坤宁宫、乾清宫、宁寿宫、锡晋斋和澹泊敬诚殿（承德避暑山庄正殿）等殿堂，还有一些帝王的陵寝所用的石材中都有花斑石。自元代修建大明殿以后，明代永乐、万历、嘉靖及清代嘉庆年间，均多次大规模地开采花斑石，目前已极难见到。

## 祁阳石

祁阳石产于湖南永州祁阳县，故又名"永石"，该石质不甚坚，温润细腻，石色匀净。有浅绿色如云烟状的云石；有紫红色中间带有青绿石纹的紫袍玉带石。有黄褐、深褐、朱紫、橄榄绿、乳白色、黑色等，其中最好的是紫色花纹，显现山、水、日、月、人物形象等。明代文震亨《长物志》记载："永石，即祁阳石，出楚中。石不坚，色好者有山、水、日、月人物之象，紫花者稍胜……大者以制屏亦雅。"因祁阳石资源奇缺，近代初期就几乎被开采殆尽，所以极为珍稀。

另外，祁阳石还可以雕琢成砚，称"祁阳石砚""祁阳砚"，是价值不菲的石砚精品。

图丨红木镶云石落地大插屏

**图** | 紫檀石面插牌·清

## 螺钿镶嵌材料

螺钿又称"螺甸""螺填""钿嵌""陷蚌""坎螺""罗钿",在历史上也有叫钿螺的,它是中国特有的艺术瑰宝。所谓螺钿,指用螺壳与海贝磨制成人物、花鸟、几何图形或文字等薄片,根据画面需要镶嵌在器物表面的装饰工艺的总称。螺钿的"钿"字,据《辞海》注释,为镶嵌装饰之意。来自淡水湖泊和深海中的海贝、夜光贝、夜光螺、珍珠贝、三角蚌、石决明、砗磲壳等都可成为螺钿的材料。这些贝壳的贝龄越长、壳越厚,越五彩缤纷、色泽艳丽多变,极具装饰性。

### 湖山石

湖山石产于江苏省南京市江宁区的湖山。多为青黑色,花纹跟骰子、香楠木相似,像满面葡萄,繁密瑰丽,性坚好。《聊斋杂记·石谱》中有关于湖山石的记载:"青黑,类太湖,纹类骰子、香楠,可嵌桌面。"

明代王佐在《新增格古要论》做如下记载:"此石(湖山石)青黑色,类太湖石,花纹与骰子、香楠木相似。性坚,锯板可嵌桌面,虽不奇异,亦少有之。"

**图** | 黑漆嵌螺钿人物屏风

　　有的贝壳甚至有上百年的历史，质地非常好，可将其锯成平面较大的开片。具体制作时，可根据需要，用锯条锯成大小、厚薄不等的螺钿片。软螺钿通常用彩钿片；镶螺钿大多用白色螺钿；硬螺钿则是彩钿和白钿都用。由于螺钿是一种天然之物，外观天生丽质，具有十分强烈的视觉效果，因此也是一种常见的传统装饰，被广泛应用于漆器、家具、乐器、屏风、盒匣、盆碟、木雕以及其他工艺品上。

图 | 漆地嵌螺钿竹林七贤炕桌·明

### 珐琅

　　珐琅又称"佛郎""法蓝"，也称景泰蓝，是一外来语的音译词，是以矿物质的硅、铅丹、硼砂、长石、石英等原料按适当比例混合，分别加入各种成色的金属氧化物，经焙烧磨碎制成粉末状的彩料后，再依其珐琅工艺的不同做法，填嵌或绘制于以金属做胎的器体上，经烘烧而成为珐琅制品。"珐琅"一词源于中国隋唐时古西域地名拂菻。当时东罗马帝国和西亚地中海沿岸诸地制造的搪瓷嵌釉工艺品称拂菻嵌或佛郎嵌、佛朗机，简化为"拂菻"。出现景泰蓝后转音为"发蓝"，后又为"珐琅"。

　　《红楼梦》第五三回云："这荷叶乃是錾珐琅的，活信可以扭转。"清沈初《西清笔记·纪庶品》有云："时始禁止珐琅作坊，内府珐琅器，亦有付钱局者。"

　　中国古代习惯将附着在陶或瓷胎表面的称"釉"；附着在建筑瓦件上的称"琉璃"；而附着在金属表面上的则称为"珐琅"。

## 编织材料

古典家具中的凳、椅、床、榻等有采用棕、藤、线绳等材料编织成软屉的习惯。

藤材是用藤皮劈成的，有宽有窄，还有很细的被称为"藤丝"或"藤线"。用藤丝编织成的软屉质地柔韧，有暗花纹，迎着光清晰可见，精致无比。但遗憾的是，随着时间的流逝，明及清前期的家具上用藤丝编成的软屉大多已经损坏残破，很少能看到保存完好的。

线绳编织的软屉，其编织技法跟藤丝编织相似，但不用棕绳打底。线绳有的用丝绒拧成，有的用棉线合股而成，其编织的软屉色泽明亮，图案更为精美，绚丽耀目，为家具增色不少。线绳软屉一般多见于交椅、交杌之上，粗简无华中传递出浓郁的质朴之气。

图 | 藤座面黄花梨圈椅

## 金属饰件

明清家具上的金属饰件主要包括金、银、铜、铁等。金、银饰件多用于镶嵌装饰，把金、银制成薄片或极细的金银丝，用来镶嵌在漆器的花纹上。家具上应用最多的一种金属饰件是铜饰，有白铜、黄铜之分，它与硬木家具深沉的色泽相映成趣，形成强烈对比，同时也可以弥补家具中某些结构上的缺憾，对家具起到保护加固的作用。

图 | 黄花梨官皮箱的面页、包角均为金属饰件

白铜是铜、镍的合金，其色泽柔和，优于黄铜。黄铜是铜、锌的合金，具有很强的耐磨性。铁饰件主要用于家具的包角和接缝处。

金属饰件在技法上有错金、错银、錾花和镏金等；形状有方形、圆形、菱形、矩形、条形、蝶形、古币形、海棠形、云头形和牛鼻环形等。其纹饰生动多变，有鱼纹、蝉纹、鸟纹、夔龙纹、如意纹、叶边纹、绳纹以及回纹等；根据饰件作用的不同，可分为面页、合页、钮头、吊牌、拍子、套脚、包角和提环等。

图 | 黄花梨官皮箱·清早期

# 第三节　明清家具结构特点与常见结构

## 结构特点

明清家具的结构特点可以总结为：以立木做支柱，横木做连接材，汲取了大木构架和壶门台座的样式和手法。与房屋和台座构造一样，家具的平面、纵面及横断面都为四方形。四方形的结体是可变的、不稳定的，但由于明清家具使用了"攒边装板"，用了各种各样的帐子、牙条、牙头、角牙、短柱及托泥等，加强了节点的刚度，使角度不变，不但弥补了结体不稳定的缺点，同时还能将重量负荷均匀合理地传递到腿足上去。

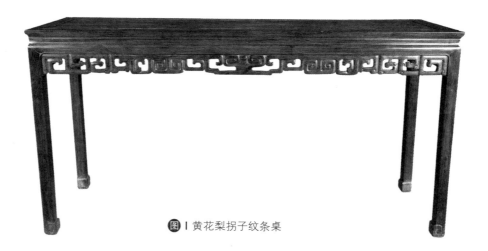

图 | 黄花梨拐子纹条桌

各构件之间能够有机地连接，是因为那些相辅相成的榫子（南方叫"榫头"）和卯眼起着决定性的作用。因为有质地坚实致密的硬性木材，匠师们才能随心所欲地制造出各种各样精巧的榫卯。构件之间完全不用钉子，鳔胶黏合也只是辅助手段，凭借榫卯几乎就可以达到上下左右、粗细斜直都连接合理、面面俱到的精品工艺。如此天衣无缝，不禁使人感叹我国传统技艺的精湛。

图 | 红木雕夔龙画案·清

明清家具的结构可分为 4 类，下面略做介绍。当然，这里涉及的也只是明及清前期家具中常见的造法，要求详备是有难度的。

1.腿、牙子、面之间的结合

（1）腿与面的结合：在直足无束腰和面板有喷出的情况下，夹头榫、插肩榫是案形结体家具常用的榫卯结构；而在直足无束腰呈四面平齐的结构中，通常采用棕角榫或托角榫的结构；曲足有束腰或高束腰的情况下，一般用抱榫的结合法。

（2）腿与边抹的结合：此类结合使用四面齐的形式，即棕角榫结构。

图 | 黄花梨束腰绿石面马蹄腿香几·明末清初

图 Ⅰ 黄花梨四面平马蹄条桌

（3）腿、枨子、矮老或卡子花与面的结合：与横、竖材"丁"字形结合中的圆材、方材、直材交叉的结合基本相同，腿与牙子相接亦使用钩挂直榫。

（4）霸王枨与腿及面的结合：霸王枨与腿的结合，多使用钩挂榫；霸王枨与面的结合，则通常用销钉固定的方法。

（5）各种牙角与横、竖材的结合：这种情况通常用一边挖沟嵌榫、另一边裁榫相结合的做法。

（6）圆材攒边和方材攒边：圆材多用楔钉榫，或一头开榫一头出来攒边；方材攒边与格角攒边相同。

图 Ⅰ 紫檀百宝嵌御题诗博古座屏·清乾隆

2. 腿与托泥、坐墩等下部构件的结合

腿下端设托泥或坐墩等下部构件，是为了加强腿的牢固和稳定感，起到同管脚枨一样的作用。

（1）腿与托泥的结合：托泥一般是圆形或方形的，其做法与直、圆材交叉的做法相同。

（2）腿与托子坐墩的结合：此种形式一般多用于条桌、屏风类或灯台类家具中。

3.构件本身的组合与攒边装板的做法

（1）多块薄平板的拼合：板材由小材（窄材）拼大（拼宽），一般是利用企口榫加穿带的形式。如果是多块板材变厚板，又使用在不显眼的地方，也可以用施银锭榫（燕尾榫）拼合。

（2）两平板的直角结合：在条案、条几中，一般多用闷榫；厚板与厚板直角的结合，通常用燕尾榫，民间柴木家具也多用燕尾榫。

（3）圆直材的结合：两块圆直材的结合，一般出现在椅类的靠背（搭脑）、扶手等构件中。

（4）弧形短材的结合：这种情况多出现在圈椅中，圈一般分为三接、五接，即由3块或5块弧形短材组合而成。圈的组合一般用楔钉榫。

（5）格角榫攒边：明式家具中，几、案、桌、椅等的面框架部分，大都可以用45°的格角榫攒边的做法。

4.附加的榫销

附加榫销通常在明式家具结构中的特殊情况下使用。明式家具中，尽量避免采用或少采用这些东西。附加榫销中，有裁销（榫）、楔钉榫（销）等，使用另外的木块做成楔头，裁到构件中，而不是就构件本身做成楔头。

图 红木四平式炕桌·清

##  木工鼻祖——鲁班

鲁班（约前507—前444）姓公输，名般，又称公输子、公输盘、班输、鲁般，鲁国人（今山东滕州人），"般"和"班"同音，古时通用，故人们常称其为鲁班。

鲁班生活在春秋末期到战国初期，出身于世代工匠之家，自小就跟随家人参加过许多土木建筑工程的建设，逐渐掌握了生产劳动的技能，积累了丰富的实践经验。他是我国古代出色的发明家，其发明涉及机械、土木、手工艺等多方面。两千多年以来，鲁班的名字及有关他的故事，被广为流传。

相传今天木工使用的许多手工工具，如曲尺、墨斗、刨子等均为鲁班发明，所以后来的土木工匠们都尊称他为祖师。

##  《鲁班经匠家镜》

《鲁班经匠家镜》原出自南方，流传至今已有五六百年。"匠家镜"是指营造房屋和生活家具的指南。本书是万历年间增编本。卷一从鲁班仙师漂流做工开始，叙述了各种房屋的建造方法，到凉亭水阁式为止。前文后图，以图释文，文中多为韵文口诀。卷二全面介绍了建筑、畜栏、家具、日用器物的做法和尺寸，从仓敖式开始，至围棋盘式止，内容翔实，也是前文后图。卷三记载了建造各类房屋的吉凶图式72例，版面为上图下文，文字说明多为阴阳五行、吉凶风水对盖房造屋的影响等。附录的内容大多与房屋营造的迷信活动有关。值得重视的是书中还记载了制作家具的原料及构件的尺寸，所述家具包括杌子、板凳、交椅、八仙桌、琴桌、衣箱、衣柜、大床、凉床、藤床、衣架、面盆架、座屏、围屏等。此书是我国仅存的一部民间木工的营造专著，是研究明代民间建筑及明式木器家具的重要资料。

本书在明式家具制作具有高度成就之时进行了增编，当时绘制、雕刻图式者也有相当高的水平，因此书中比较真实地描绘了各种家具的形状。书中插图线条流畅，人物姿态生动，画面完美。

万历以后，此书有崇祯增编本和清代的若干翻本，民国后尚有石印本。虽然版本很多，但图式越翻越劣，文字讹误也有增无减。

# 结构鉴识

## 横竖材料结合的丁字形结构

横材与竖材的结合又称"格肩榫"。格肩榫榫头在中间，两边均有榫肩，故不易扭动，坚固耐用。如桌子、椅子及凳子的横枨，柜身、柜门的横带与腿足的结合，都是这种做法。格肩又分小格肩和大格肩。

### 小格肩与大格肩鉴识

家具交接处表面起涡线时一般用小格肩，其制作方法为：一根木枨端处开榫头，两侧为榫肩，靠里面为直角平肩，外面格肩呈没有角的梯形格角，两肩部都为实肩；另一根木枨开出相应的榫眼，在靠外面榫眼上面挖出一块和梯形格角一样的缺口，然后拍合。

大格肩榫一般在家具交接处采用阳线时应用，它又有带夹皮和不带夹皮两种做法。格肩部分和长方形的阳榫贴实在一起的，是不带夹皮的格肩榫，又叫"实肩"；格肩部分和阳榫之间还凿剔开口的，为带夹皮的格肩榫，又叫"虚肩"。带夹皮的格肩榫因为加了开口，胶着面增大，所以比不带夹皮的要坚牢一些，但如果是较小的材料，则会因为材料剔除较多而影响榫卯的强度。

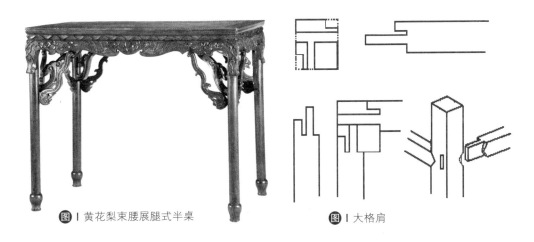

图┃黄花梨束腰展腿式半桌　　　　图┃大格肩

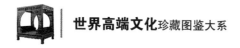

## 直材的角结合鉴识

椅背、扶手等立柱与横梁的直角结合，桌案、椅凳及柜门等板面四框的结合，都称为直材角结合，直材角结合又被称为"格角榫"，分为明榫与暗榫。

明榫是平板角按合用燕尾榫而外露的，也就是指制作好家具之后在表面能看到榫头的明榫，多用在桌案板面的四框和柜子的门框处。

凡两部件结合后不露榫头的都叫闷榫或暗榫。暗榫有很多形式，单就直材角结合而言，就有单闷榫和双闷榫两种。单闷榫是在横竖材的两头一个做榫舌，一个做榫窝。双闷榫是在两个拼头处同时做榫头和榫窝，两接头的榫头一左一右，榫窝亦一左一右，与榫头相反，这样两侧榫头就可以互相插进对方的槽口。因为榫头形成横竖交叉的形式，所以加强了榫头的承受能力，使整件器物更加牢固。

直材角结合还有不用45°斜面的，它是把横材下面做出榫窝，直材上端做出榫头，将横材压在竖材上，这种做法俗称"挖烟袋锅"。明式靠椅和扶手椅的椅背搭脑和扶手的转角处经常使用这种做法。

图 ▏ 在家具的表面不能看到榫头的称为暗榫，也称"闷榫"

图 ▏ 制作好家具之后，在家具的表面能看到榫头的称为明榫

## 脚与面、牙板的结合鉴识

### 夹头榫鉴识

夹头榫约在晚唐、五代之际的高桌上就开始使用，这是案形结体家具常用的一种榫卯结构。具体做法为4只腿足在顶端出榫，与案面底的卯眼相对拢。腿足的上端开口，嵌夹牙条及牙头，使外观腿足高出牙条及牙头之上。这种结构能使4只腿足将牙条夹住，并连接成方框，使案面和腿足的角度不易改变，使四足均匀地承受案面的重量。

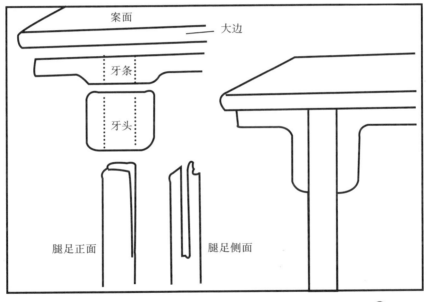

图 | 夹头榫

### 插肩榫鉴识

插肩榫属于夹头榫的一种形式。腿子在肩部开口并将外皮削出八字斜肩，用以和牙子相交，这一榫卯叫"插肩榫"。其做法与夹头榫基本相同，因为它也同夹头榫一样，分前榫和后榫，中间横向开出豁口，把牙板插在里面。不同的是前榫自豁口底部向上削成斜肩，做成前榫小、后榫大、前榫斜肩、后榫平肩的榫头。插肩榫的牙板也要剔出与斜肩大小相等的槽口，它和夹头榫牙板所不同的是槽口朝前，组合后，牙板与腿面齐平。此榫的优点是牙条受重下压后，与腿足的斜肩咬合得更紧密。它可以用在鼓腿膨牙式的家具上，也可以用在一般式样的家具上。

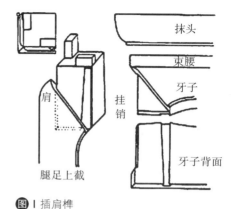

图 | 插肩榫

### 抱肩榫鉴识

有束腰家具的腿足与束腰、牙条相结合时所用的榫卯。从外形看，此榫的断面是半个银锭形的挂销，与开牙条背面的槽口套挂，从而使束腰及牙条结实稳定。抱肩榫一般采用45°榫肩出榫和打眼，嵌入的牙条与腿足构成同一层面，是有束腰的明清家具常用的卯榫构造。

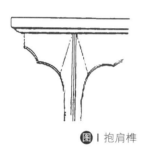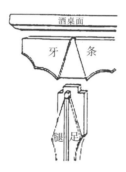

图 | 抱肩榫

### 钩挂榫鉴识

霸王枨与腿的结合部位通常使用钩挂榫。霸王枨的一端托着桌面的穿带，用木销钉固定。下端交带在腿足中部靠上的位置，枨子下的榫头向上钩，腿足上的枨眼下大上小，且向下扣，榫头从榫眼下部口大处插入，向上一推便钩挂住了下面的空隙，产生倒钩作用。然后用楔形样填入榫眼的空隙处，再也不易脱出，故曰"钩挂榫"。

图 | 霸王枨榫卯结构

## 弧形材料结合鉴识

弧形材料的结合常用楔钉榫，常见于圈椅的椅圈。楔钉榫的具体做法为：将两片榫头交搭，同时榫头上的小舌入槽，使其不能上下移动，然后在搭口中部剔凿方孔，将一枚断面为方形、一边稍粗、一边稍细的楔钉插穿过去，使其也不能左右移动即可。

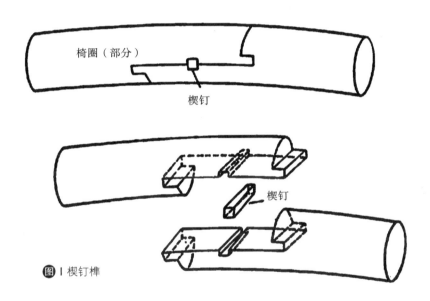

**图** | 楔钉榫

## 活榫开合结构鉴识

活榫开合结构俗称走马销，即札榫。"走马销"是北方匠师的称呼，为"裁销"的一种，是指用一块独立的木块做成榫头砸进原构件中，代替构件本身做成的榫头，一般安在可装卸的两个构件之间。独立的木块做成的榫头形状是下大上小，榫眼的开口是半边大、半边小。榫头由大的一端插入，推向小的一边，就可扣紧。罗汉床围子与围子之间或围子与床身之间常用走马销。

如果需要拆开，则从窄口向宽口推，宽口榫窝一般做得比较松，很容易就能摘下来。以上所说走马销的特点是一面斜坡、一面平直。还有两面斜坡的，原理与一面斜坡相同。较大的屏风也常使用走马销。

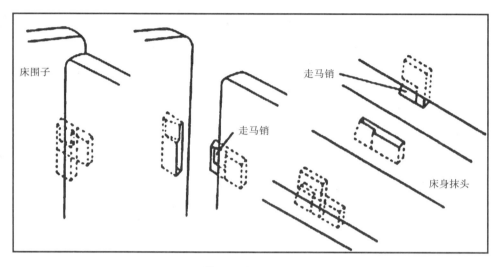

图 | 走马销

 古典家具的造型结构

古典家具的造型结构分为四柱框架式、侧山连接式和箱式结构。

四柱框架式结构以4根立柱连接横枨形成框架，再安装面板，制作床榻、桌案、几类等家具多用此结构。其形式有：上下同大的框架式结构，4根立柱与地面垂直。上小下大的框架式结构，若腿足向左、右两侧撇出，叫"骑马挓"；若腿足向前左、后左、前右、后右撇出，称"四腿八挓"。

侧山连接式结构是指用攒框镶板的方法制作出家具的两个侧山，再用若干横枨将两个侧山连接起来，形成柜、橱类家具的结构。

箱式结构是先将窄薄木板拼成的6块大板连成六方体木箱，再将木箱锯成两部分，作为箱盖和箱体的结构。制作箱、盒类家具多采用此结构。

古朴雅致

第三章

明清家具纹饰鉴赏

每个时代的家具纹饰都有其特有的特征与内涵，但不管是怎样的特征，都表达了人们对美好生活的向往。明清家具更是纹饰的集大成者，其中明式家具纹饰对清风雅趣的偏好和清式家具对富贵吉祥的独爱，表现出两个时代的不同民风，由此我们也可以更好地了解明清文化。

# 第一节　明清家具上的动植物纹

## 动物纹鉴识

　　明清家具雕刻纹饰中的动物纹饰大多用传说中的灵兽或代表吉祥的动物，以表达人们对吉祥、尊贵的向往。常用的动物一般有羊、马、喜鹊、孔雀、龟、鹤、鸳鸯、麒麟、鱼类、大象、蝙蝠、鹭及龙等。这些图案都代表了人们对幸福美好的向往。

图｜红木嵌百宝山水诗文插屏·清

**图** | 紫檀雕螭龙座双凤呈寿纹磬·清乾隆

## 龙纹

龙是我国古代传说中的一种神异动物，具有9种动物合而为一又"九不像"的形象，是兼备各种动物之所长的异类。传说它能显能隐，能细能巨，能短能长。春分登天，秋分潜渊，呼风唤雨，这些是晚期发展而来的龙的形象，相比最初的龙而言更加复杂。龙一直是我国华夏中原地区的图腾，是中华民族文化的象征之一，所以，龙纹从原始社会至今始终沿用不衰，只是其纹样在各个时期有不同的特点。

龙的腿和角是在后来的发展中慢慢变化而有的，最初并没有。明时期龙纹的特点是不管龙身以何种姿态出现，其毛发通常都是从龙角一侧向上高耸，呈怒发冲冠状；至康熙时期，龙纹一般呈披头散发的样子；乾隆时期，龙的头顶多出7个圆包，正中的稍大，周围的稍微小一点。龙的眉毛在明万历以前大多眉尖朝上，万历以后则大多朝下；龙的爪子在清康熙以前多为风车状，到了乾隆时期龙的爪子开始并合；乾隆以前的龙纹绝大部分姿态优美、苍劲有力，而到清后期，龙身显得臃肿呆板，整体毫无生机；民国时期，龙爪看上去形似鸡爪。

**图** | 黄花梨木雕草龙纹联二橱

077

我国古代最辉煌的龙纹家具，要数北京故宫太和殿的金漆屏风与宝座了，金漆屏风有 4 扇相连，宽约 52.5 米，最高处约有 42.6 米，双面各雕一金龙。金漆宝座的椅圈及 6 根椅柱上，共雕有 13 条金漆盘龙，其状栩栩如生，令人生畏。

图 ▎黄花梨雕龙纹联二橱

图 ▎龙纹门板

图 | 夔凤纹椅

## 凤纹

凤是凤凰的简称，是传说中的百鸟之王，乃神鸟、瑞鸟。雄的称为凤，雌的称为凰。鸡嘴、鸳鸯头、火鸡冠、仙鹤身、孔雀翎、鹭鸶腿，因其形象集合各种飞禽之美于一体，故在封建时代被视为皇后的象征，与帝王的象征——龙相配。古典家具上常见的凤纹有"龙凤呈祥""丹凤朝阳""凤穿牡丹""凤栖梧桐"等。

## 蝙蝠纹

蝙蝠是翼手目动物的总称，翼手目是哺乳动物中仅次于啮齿目动物的第二大类群。目前已知有 900 多种蝙蝠，大部分在夜间飞行，大多数蝙蝠以昆虫为食。因它们捕食大量昆虫，故在昆虫繁殖的平衡中起重要作用，还可能有助于抑制害虫。也有某些蝙蝠食果实、花粉、花蜜；热带美洲的吸血蝙蝠以哺乳动物及大型鸟类甚至人的血液为食。

因"蝠"与"福"相谐，故我国传统文化将蝙蝠视为"福"的象征，蝙蝠飞临的寓意是"进福"，表示百姓希望福运自天而降。古典家具上常见的蝙蝠纹有两只蝙蝠组成的"双福纹"，蝙蝠与云纹组合的"洪福齐天"，蝙蝠、寿桃或寿字、如意组合的"福寿如意"，5只蝙蝠环绕"寿"字飞翔的"五福捧寿"，盒中飞出5只蝙蝠的"五福和合"以及蝙蝠和磬、双鱼组成的"福庆有余"等。

 福庆纹扶手椅

## 螭纹

螭，传说中龙之九子之一，一种没有角的龙。还有一种传说是龙的来源之一，也称蚩尾，是一种海兽。汉武帝时有人进言，说螭龙是水精，可以防火，便建议置于房顶上以避火灾。螭纹又叫"螭虎纹""螭龙纹"，它与龙纹相似，没有角，身躯像蜥蜴或壁虎，不刻鳞甲，有4只脚，尾长如蜷曲的蛇或呈卷草形。古典家具上常见的螭纹有"团螭纹""拐子螭纹""螭虎闹灵芝"等。

图 | 黄花梨螭龙小炕柜

## 麒麟纹

麒麟亦作"骐麟",简称"麟",是中国古籍中记载的一种动物,与凤、龟、龙共称为"四灵",是神的坐骑,雄性称麒,雌性称麟。麒麟是吉祥的神兽,主太平、长寿。古人把它当作仁兽、瑞兽,民间有"麒麟送子"之说。

麒麟本性温良,龙头、狮面、马身、鱼鳞,全身布满鳞甲。古典家具中常见的麒麟纹有"麒麟送子""麟吐玉书""麟凤呈祥"等,都是吉祥之兆,有早生贵子、天下太平的寓意。

**图** | 黄花梨椅背上的麒麟纹

## 狮纹

狮子在我国古代被称为百兽之王,是权力与威严的象征。佛教经典也对狮子非常推崇。《玉芝堂谈荟》云:"释者以师(狮)子勇猛精进,为文殊菩萨骑者。"《潜研堂类书》称狮子为兽中之王,可镇百兽。故古代常用石狮、石刻狮纹,以"锁门""镇墓""护佛",用来避邪。狮纹也是明清时期匠师们常用的家具纹饰之一。

**图** | 红木狮纹大画案

图 | 鹿纹

## 鹿纹

鹿是我国古人心目中的一种瑞兽、长寿仙兽，又被称为"斑龙"。《符瑞志》中有记载："鹿为纯善禄兽，王者孝则白鹿见，王者明，惠及下，亦见。"古代鹿纹图案大多出现在玉器中，其造型千姿百态，丰富多彩。它们或卧，或立，或奔跑于山间绿野，或漫步于林间树下，皆秀美生动、典雅可爱。尤其是唐宋以后，古人借"鹿"与"禄"的谐音，以象征福禄常在、官运亨通，应用更加广泛。后来又有鹿、陆（六）谐音，因此将鹿与鹤组合到一起，寓意为"六合同春""鹿鹤同春"。

## 鹤纹

鹤被认为是一种仙禽，又称一品鸟、长寿鸟、丹顶、长颈、素羽。我国最早出现鹤纹是在唐代，越窑青瓷上刻画有鹤在云间飞翔的图案，称"云鹤纹"。古典家具中常用的鹤纹有"团鹤纹""翔鹤纹"等。有些屏风上经常会有一只鹤站立于湖水和山石上的图案，称为"福山吉水"，又被称为"一品当朝"。

图 | 鹤纹

## 龙生九子的传说

所谓龙生九子是指龙生了9个儿子，但9个儿子都不成龙，各有不同。也有人指"龙生九子"，并非是龙恰好生了9子，因为我国传统文化中，九是个虚数，也是贵数，以九表示极多，代表至高无上的地位，所以用来描述龙子。"龙生九子"这个说法由来已久，但是究竟是哪9种动物，一直没有明确，直到明朝才出现了各种说法。明代一些学人笔记，版本较多，说法不同，如陆容的《菽园杂记》、李东阳的《怀麓堂集》、杨慎的《升庵集》、李诩的《戒庵老人漫笔》、徐应秋的《玉芝堂谈芸》等都对龙之九子有所描述。根据不同的版本，被列为龙的儿子的有：囚牛、睚眦、嘲风、蒲牢、狻猊、赑屃、狴犴、螭吻、饕餮、麒麟、椒图、蚣蝮等，也有人将麒麟、貔貅等称为龙之子。

目前最为普遍的说法是：

长子囚牛，平生爱好音乐，它常常蹲在琴头上欣赏弹拨弦拉的音乐，因此人们便在琴头上刻上它的像。

次子睚眦，平生好斗喜杀，故刀环、刀柄上雕刻的便是它的像。

三子嘲风，形似兽，平生好险又好望，殿台角上的走兽是它的像。

四子蒲牢，形似盘曲的龙但比龙小，平生好鸣好吼，洪钟上的龙形兽钮是它的像。

五子狻猊，又称金猊、灵猊。狻猊本是狮子的别名，所以形状像狮，平生喜静不喜动，喜烟好坐，倚立于香炉足上、佛座上和香炉上的脚部装饰就是它的像。

六子赑屃，又名霸下，形似龟，平生好负重，力大无穷，碑座下的龟趺是其像。

七子狴犴，又名宪章，样子像虎，有威力，好狱讼，却又有威力，人们便将其刻铸在监狱门上，故民间有虎头牢的说法。

八子负屃，身似龙，雅好斯文，盘绕在石碑头顶或两侧，石碑两旁的文龙是其像。

幼子螭吻，又名鸱尾或鸱（chī）吻，鱼形的龙（也有说像剪了尾巴的蜥蜴），龙形的吞脊兽，口阔嗓粗，平生好吞，殿脊两端的卷尾龙头是其像，即殿脊的兽头之形。

有说法指貔貅也是其一。貔貅能吞万物而从不泄，故有纳食四方之财的寓意。

图 | 明清植物纹屏

# 花卉纹鉴识

明清家具中的花卉纹通常在较大的插屏、挂屏及座屏上使用较多，一般实用家具上大多用来装饰边缘。常见的花卉纹有牡丹、荷花和灵芝等。

## 牡丹纹

牡丹花大色艳，品种繁多，是我国特有的木本名贵花卉，已有数千年的自然生长历史和两千多年的人工栽培历史，素有"国色天香""花中之王""富贵花"等美称。

牡丹纹分为折枝牡丹和缠枝牡丹两类。折枝牡丹一般被雕绘于柜门或背板

图 | 紫檀牡丹纹笔筒

上；缠枝牡丹则常用来装饰家具边框。装饰手法多用螺钿镶嵌或金漆彩绘。宋代周敦颐《爱莲说》载："牡丹，花之富贵者也。"后人多以牡丹花象征富贵。

### 荷花纹

荷花又名"莲花""水芙蓉"等，属睡莲目，我国早在周朝就有栽培记载。荷花全身皆宝，藕和莲子能食用，莲子、根茎、藕节、荷叶、花及种子的胚芽等均可入药。

图｜莲花纹

图｜雕荷花屏风

宋代周敦颐在《爱莲说》中云："莲，花之君子者也。"赞誉莲花出淤泥而不染的品质。莲花也作为佛教的一种标志，代表"净土"，象征着"纯洁"，寓意"吉祥"。荷花纹装饰大多也被用于屏风类家具上，常以碧玉饰荷叶，青玉、白玉饰荷花，形成色彩艳丽、形象逼真的立体图画。

## 月季纹

月季花被称为花中皇后，因四季常开，故又名"月月红"。一直以来，月季因象征"四季长春"而为人们所喜爱。用于纹饰的月季，通常是插在花瓶中的折枝图案，寓意"四季平安"；用天竹、南瓜和月季组成的图案，寓意"天地长春"。

图Ⅰ月季纹

图Ⅰ桃纹

## 桃纹

传说中王母的蟠桃树三千年开一次花，再过三千年才会结果，食其果可长生不老，因此民间将桃树称为长寿之树。而桃又被称为"仙桃""寿桃"，我国民谚中有"榴开百子福，桃献千年寿"之说，诞辰献"寿桃"祝寿也是我国的传统文化。

桃纹一般为组合图案，如桃子和蝙蝠、两枚古钱组成的图案，寓意"福寿双全"；桂花和桃或桃花组成的图案，寓意"贵寿无极"等。

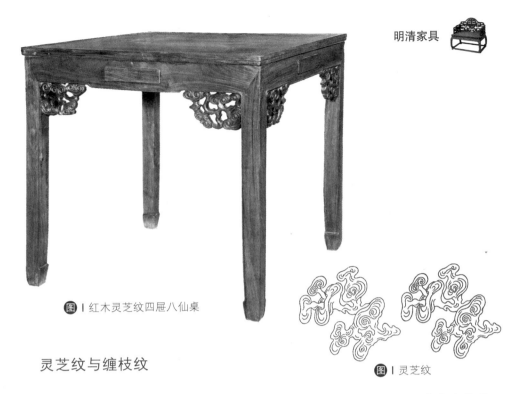

图 | 红木灵芝纹四屉八仙桌

图 | 灵芝纹

## 灵芝纹与缠枝纹

灵芝又称"灵芝草""神芝""芝草""瑞草"，是多孔菌科植物赤芝或紫芝的全株。因灵芝数量稀少，得之不易，也被人们称为仙草，视为祥瑞的征兆。传说中灵芝能起死回生，故有"不死药"之称。史书对灵芝的描绘也很多，但大都带有神奇色彩，《孝经·授神契》说："王者德至草木则芝草生。"借此说明，历代统治者都以得到灵芝为荣，借以标榜自己的圣明贤德。

图 | 红木缠枝纹案几

缠枝纹全称"缠枝纹样"，俗称"缠枝花"，又名"万寿藤"。因其结构连绵不断，故又有"生生不息"之意，寓意吉庆。缠枝纹以藤蔓卷草经提炼变化而成，委婉多姿，富有动感，优美生动。这种纹饰起源于汉代，盛行于南北朝、隋唐、宋元和明清。缠枝纹以牡丹组成的称为"缠枝牡丹"，以西番莲组成的称"缠枝莲"，此外还有"缠枝葡萄"等。

## 松竹梅纹鉴识

松为常绿乔木，喜温抗寒，对土壤酸碱度适应性强，树木坚固，常年不死。我国人民自古以来就对松树怀有一种特殊的感情，《史记·龟筴传》中云："千岁之松，上有菟丝，下有茯苓。"由此可见松被誉为长寿的象征。松与梅、竹合称"岁寒三友"，在装饰花纹中常组合使用。

图 | 犀角雕岁寒三友纹杯·明

图 | 玫瑰椅

竹原产中国，类型众多，不刚不柔，滋生易，古人用来寓子孙众多。因竹经寒冬而枝叶不凋，故"岁寒三友"中，竹居其一。

梅花指梅树的花，是蔷薇科梅亚属的植物，寒冬先叶开放，花瓣为5片，有白、红、粉红等多种颜色。因梅能于老干上发新枝，又能御寒开花，故古人用以象征不老不衰，亦为"岁寒三友"之一。由于其瓣为五，民间又借之表示"五福"，世俗谓五福为"福、禄、寿、喜、财"。明清以来，梅花纹样是最流行和最为大众所喜闻乐见的传统纹样。

图 | 梅花纹多宝槅

## 岁寒三友

"岁寒三友"，指松、竹、梅3种植物。松、竹经冬不凋，梅则迎寒开花，因这3种植物在寒冬时节仍可保持顽强的生命力而得名，是中国传统文化中高尚人格的象征，也借以比喻忠贞的友谊。"三友"被传到日本后又加上了长寿的意义。松、竹、梅合成的岁寒三友图案是中国古代器物、衣物和建筑上常用的装饰题材。同时岁寒三友还是中国画的常见题材，画作常以"三友图"命名。

旧社会结婚时，多在大门左右贴上"缘竹生笋，梅结红实"的对联，这是因"笋"与子孙的"孙"字同音、同声。

# 第二节 明清家具上的风景与几何纹

## 风景纹鉴识

明清家具中，山水风景通常被装饰在屏风、柜门、柜身两侧及箱面、桌案面等面积较大的看面上。一般情况下施以彩漆或软螺钿镶嵌，使用最多的是硬木雕刻。山水图案大多取自历代名人画稿，画面中的风景及亭台楼阁等由近及远，层次分明，陈设在室内，富于典雅清新的意趣。

图 | 紫檀框漆嵌骨山水纹挂屏

**图 | 清白玉锦纹插屏（一对）**

## 几何纹鉴识

几何纹以圆形、弧形和方折形线条为主，对称性很强，既能看出单组的纹饰，又可以一组组连接起来，渐次扩充为整体纹饰，动感性极强，变幻无穷，通常有龟甲、双距、方棋、双胜、盘绦、如意等形式。家具上最常见的几何纹饰为锦纹、回纹和万字纹等。

### 锦纹

锦纹泛指极富规律性的连续图案，通常把多组相同的单元图案连接，或以一组图案为中心，向上下、左右有规律地延伸，从而组成绚丽多彩的锦纹。大多用于主体图案的底纹或陪衬，漆器家具上使用比较多。锦纹图案常有绣球、龟背、花卉、云纹、十字等。其构图繁密规整，华丽精致。

## 回纹

回纹是由横竖短线折绕组成的方形或圆形的回环状花纹，形如"回"字，所以称作回纹。因其构成形式回环反复，延绵不断，故被民间称为"富贵不断头"。清代家具的四脚常用回纹装饰，也有的以连续回纹作为边缘装饰，具有整齐划一而画面丰富的效果。

**图** | 黄花梨束腰马蹄腿攒万字纹罗汉床

**图** | 椅背为寿字和蝙蝠纹，扶手为四回纹

## 万字纹

万字纹即"卍"字形纹饰。"卍"字是古代的一种符咒，通常用来作为护身符或宗教标志，常被认为是太阳或火的象征。"卍"字在梵文中意为"吉祥之所集"，佛教认为它是释迦牟尼胸部所现的瑞相，有吉祥、万福和万寿之意。唐代武则天长寿二年（693年）采用为汉字，读作"万"。用"卍"字四端向外延伸，又可以演化成各种锦纹，这种连锁花纹常用来寓意绵延不断和万福万寿不断头之意，也叫"万寿锦"。

## 博古纹

博古即古代器物，由《宣和博古图》一书得名。此书由宋徽宗敕撰，王黼编纂，始编于北宋大观初年(1107年)，成书于宣和五年(1123年)之后。后人取该图中的纹样作为家具装饰，遂名"博古"。有的在器物口上添加各种花卉，作为点缀。尤其是进入清代后，博古纹在家具上使用得较多，有清雅高洁的寓意。

图 | 博古纹隔扇

### 《宣和博古图》

《宣和博古图》是一部金文著作，简称《博古图》，共30卷，旧题宋徽宗敕撰、王黼撰，或以为王楚撰。

该书著录了宋代皇室在宣和殿收藏的自商代至唐代的青铜器共839件，分为鼎、尊、罍、彝、舟、卣、瓶、壶、爵、觯、敦、簋、簠、鬲、镤及盘、匜、钟磬、錞于、杂器、镜鉴等20类。

书中各种器物均按时代编排，每类器物都包括总说、摹绘图、铭文拓本及释文，并记有器物尺寸、重量与容量。有些还附记出土地点、颜色及收藏家的姓名，对器名、铭文也有较为详尽的说明与精确的考证。但受条件所限，内容难免有所讹误，铭文考证疏漏也较多。

图 | 红木广式雕花花几

# 第三节　明清家具上的八宝八仙与云纹

## 八宝纹与八仙纹鉴识

寓意"八宝"的纹样常见的有：一为和合，二为鼓板，三为龙门，四为玉鱼，五为仙鹤，六为灵芝，七为磬，八为松。也有的用其他物件作为纹饰，如珠、球、磬、祥云、方胜、犀角、杯、书、画、红叶、艾叶、蕉叶、鼎、灵芝、元宝、锭等，可随意选择 8 种，称为"八宝纹"。

图 | 寿字八宝纹圈椅

　　道教将"八仙"手持的 8 种器物作为"八宝"的符号。佛教中则用"八吉祥"（佛教中的 8 种法器：法螺、法轮、宝伞、白盖、莲花、宝瓶、金鱼及盘长）作为八宝的符号。八宝纹常与莲花组成图案，做成折枝莲或缠绕莲托起"八宝"的构图，也有以八宝捧团寿的图样。

图 | 八吉祥

"八仙"是道教8位仙人的总称，即汉钟离、吕洞宾、铁拐李、曹国舅、蓝采和、张果老、韩湘子、何仙姑。装饰图案中常隐去人物，只雕出"八仙"每人手中之物，俗称"暗八仙"。

图 | 紫木雕八仙人物纹挂屏

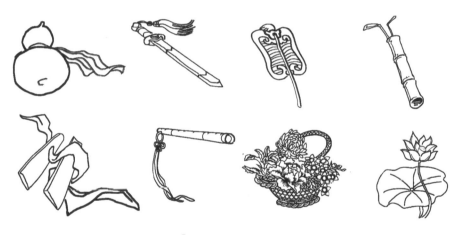

图 | 暗八仙纹

暗八仙图案分别为汉钟离的宝扇、吕洞宾的宝剑、张果老的渔鼓、曹国舅的玉板、铁拐李的葫芦、韩湘子的紫箫、蓝采和的花篮及何仙姑的荷花。明清两代，"八仙"的故事流传极广，同时也是常用的装饰题材之一，尤以瓷器突出，这或许与当时帝王及上层社会倡行道教有关。明八仙图样一般有"八仙过海""八仙祝寿""八仙捧寿"等内容，寓长寿之意。

# 云纹鉴识

古代的云纹大多象征高升和如意，应用较广，多为陪衬图案。其形式有四合云、如意云、朵云及流云等，常和龙纹、蝙蝠、八仙或八宝纹结合在一起运用。云纹常被称为"庆云""五色云""景云""卿云"等，古人认为它是祥瑞之兆。

图｜红木八宝云纹顶箱柜

图｜红木云纹小八仙桌

云纹在不同时期的形象有所不同。

明代云纹通常是四合如意式，即4个如意头绞合在一起，上下左右各有云尾，造型如"卍"字形；也有两侧云尾平行朝向左右两个方向的，属于朵云类；还有两侧云尾平行，下为条状云纹，朵云斜向连接，构成大面积云纹图案，这种形式属于流云。

而清康熙时期，云纹的风格就不一样了。一般是一个大如意纹下面无规律地加几个小旋涡纹，然后在左侧或右侧加一个小云尾，很少见到上下有云尾的。

雍正时期的云纹较小，而且都由细长的云条连接，云条流畅自如，很少有尖细的云尾。

乾隆时期的云纹又与前代不同，它有3种形式：一种是起地浮雕，用一朵如意云纹当头，从正中向下一左一右相互交错，通常是五六朵相连，最后在下部留出云尾；另一种是有规律地排列几行如意云纹，然后用云条连接起来，云头雕刻时从正中向四外逐渐加深，连接的云条要低于云朵，使图案现出明显的立体感，这种纹饰大多是满布式浮雕；还有一种无规律的满布式浮雕也属于这一时期的常见做法。而在清雍正以前乃至明代，绝大多数云纹都是起地浮雕，很少见到满布式浮雕的图案。

图 | 榉木双层亮格云纹书柜

图丨红木苏式竹节纹四方花几·清

# 第四节　明清家具的装饰特点与工艺

## 明式家具的装饰特点

　　明式家具装饰手法的特点是善于提炼，精于取舍，主要通过木纹、雕刻、镶嵌和附属构件等体现出来，达到了前所未有的高度。选料上，明式家具十分注意木材的纹理，凡纹理清晰好看的"美材"，总是被放在家具的显眼部分，格外耐看；雕刻手法上，主要运用浮雕、透雕、浮雕与透雕结合及圆雕等多种方式，其中以浮雕最为常用。

图 | 黄花梨龙纹衣架·明

　　明式家具的雕刻题材十分广泛，大致有卷草、莲纹、云纹、灵芝、龙纹、螭纹、花鸟、走兽、山水、人物、凤纹、宗教图案等。雕刻刀法线条流畅，生动形象，极富生气。雕刻的部位大多在家具的背板、牙板、牙子、围子等处，常做小面积雕刻，工精意巧的装饰效果格外引人注目。

图 | 黄花梨龙纹折叠炕桌·明末清初

　　结构合理、造型具艺术化的明式家具，充分展示了简洁、明快、质朴的艺术特色。同时，它将雅俗融于一体，雅而致用，俗不伤雅，达到美学、力学、功用三者的完美统一。

图 | 黄花梨夹头榫平头案·明末

## 清式家具的装饰特点

　　清初家具基本沿袭了明式家具的风格，而清后期融合了满汉文化的特点，又受到中西文化交流的影响，至清康熙年间逐渐形成了清式家具自己的特点，主要表现为注重形式、追求奇巧、崇尚华丽气派，这些特点到乾隆时达到巅峰。乾隆时期的家具，特别是宫廷家具，材质优良，做工细腻，尤以装饰见长，多种材料、多种工艺结合运用，是清式家具的典型代表。

图 | 花梨木雕花鸟纹落地罩·清乾隆

在用材上，清代中期以前的家具，特别是宫廷家具，常用色泽深、质地密、纹理细的珍贵硬木，其中以紫檀木为首选，其次是花梨木和鸡翅木。不管用哪种木料，均讲究清一色，各种木料不混用。有时为了保证外观色泽纹理的一致，有的家具甚至采用一木连做的方式，而不用小材料拼接。清中期以后，上述3种木料逐渐缺少，遂以其他红木代替。

装饰方面，为了达到豪华富贵的装饰效果，清式家具充分利用了各种装饰材料，并使用了各种工艺美术手段，可谓集装饰技法之大成。但有时为了装饰而装饰，雕饰反而显得过繁过滥，也就成了清式家具的一大缺点。

雕刻、镶嵌和描绘是清式家具用得最多的装饰手法。雕刻刀工细腻入微，最为常用的是透雕，主要突出空灵剔透的效果，有时也将透雕与浮雕结合使用，以取得更好的立体效果；镶嵌手法也是清式家具普遍运用的，主要有木嵌、竹嵌、骨嵌、牙嵌、石嵌、螺钿嵌、百宝嵌、珐琅嵌乃至玛瑙嵌和琥珀嵌等，品种丰富，流光溢彩，华美夺目；清代家具常用的另外装饰手段就是描金和彩绘，其最常用的装饰题材是吉祥图案。

图 | 黄花梨小炕几·清早期

图丨象牙雕《携琴访友图》黄花梨插屏·清中期

　　清式家具主要以清中期为代表，总的特点是品种丰富，式样多变，追求奇巧。装饰上追求富丽豪华，并能吸收外来文化，融会中西艺术；造型上突出厚重的雄伟气度；制作上汇集雕、嵌、描、绘、堆漆等高超技艺；品种上不局限于明代家具的类型，而且还延伸出诸多形式的新型家具，从而使清式家具形成了有别于明代风格的鲜明特色。

# 装饰工艺

## 雕刻工艺

红木家具中的雕刻工艺主要有线雕、浮雕、透雕、圆雕等。

### 线雕

线雕又称"线刻""阴刻"，是指刻痕陷于木材之内的雕刻方法。其雕刻技法是雕刻工艺的基础技法，任何一种雕刻装饰技法都要依赖于线雕才能完成。通常用于屏风、箱柜类家具表面的器物、动植物、人物或文字纹的单线条勾画，线条流畅自如，富有表现力。

### 浮雕

浮雕是指在一个背景平面上，雕刻出适合正面观赏的图案。适合表现山水风景、楼台殿阁、街市等复杂及场面宏大的画面，通过浮雕底层到浮雕最高面的形象之间的互相重叠、上下穿插，营造出深远的意境。根据浮雕图案厚度压缩的程度，可将浮雕分为深浮雕、中浮雕、浅浮雕及薄肉雕。浮雕还多与圆雕结合使用，用圆雕技法表现主要形象，浮雕、线雕等技法表现次要形象，并作为衬底。

图 | 乌木雕螭纹经卷盒·清初

**透雕**

透雕又叫"镂空雕"，家具行业中叫"锼活"或"锼花"，是镂空浮雕图案以外的空白处，凸显出花纹，使家具显现出华丽之美、灵秀之美。透雕包括正面透雕、正背两面透雕和整挖透雕。

图 | 贵妃榻

正面透雕是只雕正面，不雕背面，如椅背。

正背两面透雕指正背两面均有雕刻，如床围子、衣架的中牌子、插屏的屏芯等。

整挖透雕是在透雕正背两面的同时，用刀透空纵深部分。

透雕还常和其他雕刻技法结合，如和浮雕相结合，在浮雕花纹之外或之间加入透雕，就会使花纹具有很强的表现力。

**圆雕**

圆雕属于现代美术术语，古代没有专门术语。它是指不带背景、具有真实三维空间关系、适合从多角度观赏的雕刻。雕刻的图案大多是动植物、人物等。一般运用在红木家具的端头、柱头、腿足和底座等部位。

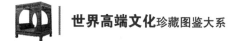

## 攒斗工艺

攒斗是明清家具工艺术语，源于中国古建筑内檐装修制作门窗格子芯的工艺技术。"攒"指把纵横的短材用卯榫结构将许多小木料拼成各种几何形纹样，可组成大面积的装饰板；"斗"指锼镂的小料簇合构成花纹。攒与斗这两种工艺常结合使用，故将这种装饰加工的手法简称为"攒斗"，南方也习惯称作"兜料"。这种工艺常用在椅子背板、桌子牙角、案的挡板、架格的栏杆、床围子、衣架的中牌子等部件。此项工艺既可充分利用小木料，又可以做出非常好看、非常结实的几何花纹。

图 | 成对黄花梨博古橱

从美学上看，"攒斗"工艺体现了我国"通透为美"的审美观念，也是中国家具风格的集中体现。

## 漆饰工艺

红木家具在我国作为高档、贵重的木质家具，既是人们日常生活用品，又是具有传统文化特征的工艺品。它比普遍木质家具对漆料的要求更高，漆饰工艺也更为复杂。明清时期，漆饰工艺发展达到顶峰，各种漆饰技法丰富多彩，常用的有一色漆、罩漆、描漆、描金、堆漆、填漆、雕填、螺钿、犀皮、剔红、剔犀、款彩、戗金、百宝嵌等。

一色漆：指器物表面上只髹一种颜色的漆器，因其朴实无华，无任何装饰与花纹，故又称为"光素漆"。

罩漆：又称"罩明"，是在一色漆器或有纹饰的漆器上罩一层透明漆。

描漆：是在光素的漆地上用各种漆画纹的装饰方法，又称"彩漆""描彩漆"。

图 | 红木藤面苏式春凳·清

描金：又称泥金画漆，是在漆器表面用金色描绘花纹的装饰方法。常以黑漆做地，也有少数以朱漆为地，也有把描金称作"描金银漆装饰法"的。

堆漆：是指用漆或者漆灰在器物上堆出花纹的装饰技法。

填漆：在漆器表面阴刻出花纹后，用不同颜色的漆填入花纹，干后将表面磨光滑的装饰技法。

雕填：是在特制的髹漆坯件上，彩绘各种图案纹样，以刀代笔在画面每个部位的外轮廓勾勒出轮廓槽线，戗以金粉，使画面更加丰满，具有色彩华美缤纷、图案线条流畅的艺术特征。

螺钿：又称"螺甸""螺填""钿嵌""陷蚌""坎螺""罗钿"，是用贝壳薄片制成人物、鸟兽、花草等形象，镶嵌在髹漆器物上的装饰技法的总称。从镶嵌技法上可以分为镶嵌硬钿、镶嵌软钿和镶嵌镌钿等。

犀皮：又称"虎皮漆"或"波罗漆"，做法是先用石黄加入生漆调成黏稠的漆，然后涂抹到器胎上，做成一个高低不平的表面，再用右手拇指轻轻将漆推出一个个凸起的小尖。稠漆在阴凉处干透后，再在上面一层一层地涂上不同颜色的漆，各种颜色相间，并无一定规律，最后通体磨平。

图 ▎刀状黑黄檀罗汉床

剔红：又名"雕红漆"或"红雕漆"。在漆胎上涂上近百道朱色大漆，待半干时描上画稿，然后再雕刻花纹。

剔犀：又称"云雕""屈轮"，用朱漆和黑漆或朱、黄、黑三色更迭的漆有规律地逐层涂漆，待干后剔刻出图案。

款彩：又称"刻漆""大雕填""刻灰"，是指在漆地上刻凹下去的花纹，再在里面填漆色或油色以及金或银的一种装饰技法。

图 ▎大叶黄花梨太师椅

图 | 广作绣红木镶嵌螺钿银丝曲屏·清

　　戗金：在填漆磨平之后，依纹样阴刻出花纹，然后在刻画好的纹线内填入金、银或彩漆的髹饰技法。

　　百宝嵌：由嘉靖年间扬州著名漆器匠师周翥所创，所以又称"周制"。就是在同一件器物上有选择性地镶嵌多种经过加工的珍贵材料，从而达到突出构图主题和强化装饰效果的目的。

图 | 黑漆嵌骨山水人物长方盒·明晚期

## 镶嵌工艺

镶嵌是先将不同颜色的木块、木条、兽骨、金属、象牙、玉石、螺钿等，组成平滑的花草、山水、树木、人物及各种自然界题材的图案花纹，然后再嵌粘到已铣刻好的花纹槽（沟）部件的表面上而形成装饰图案。家具镶嵌可分为雕入嵌木、锯入嵌木、贴附嵌木和铣入嵌木 4 种形式。

### 雕入嵌木

利用雕刻的方法嵌入木片，即把预先画好的图案与花纹的薄板，用钢丝锯锯下，把图案花纹挖掉待用。另外将被挖掉的图案花纹转描到被嵌部件上，用平刻法把它雕成与图案薄板厚度一样的样式（略浅些），并涂上胶料，再嵌入已挖好的图案薄板内。

图 l 乌木嵌瘿木成对圈椅及方几套件

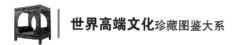

### 锯入嵌木

锯入嵌木原理类似于雕入嵌木，是利用透雕的方法把嵌材嵌入底板，因此这种嵌木两面相同。制作方法是先在底板和嵌木上绘好完全相同的图形，然后把这两块对合，将图案花纹对准，用夹持器夹住，再用钢丝锯将底板与嵌木一起锯下，然后将嵌木图案嵌入底板的图案孔内。

### 贴附嵌木

贴附嵌木实际上是贴而不是嵌，就是将薄木片制成图案花纹，用胶料贴附在底板上即成。这种工艺已为现代薄木装饰所沿用。

### 铣入嵌木

铣入嵌木就是将底板部件用铣床铣板槽（沟），然后把嵌件加胶料嵌入。

# 第四章

# 明清家具的功能分类与鉴赏

随着时代的发展，人们的生活作息习惯在不断改变，家具也因此随之不断演变。家具的演变，不外乎是为了更好地适应人们的生活，发挥其使用功能。因此，按照家具功能的不同，可以将其分为若干大类，明清家具大体可分为卧具、坐具、起居用具、屏蔽用具、存储用具、支架类及其他类项。不同功用的家具包括了丰富的家具式样，本章按功能的不同来鉴赏明清家具。

图 | 卷书搭脑圈椅

# 第一节　卧具与坐具类

## 卧具类

卧具是睡觉时用的东西，卧具家具则主要指床榻部分。明清家具的床榻包括榻、罗汉床和架子床。其中，架子床还包括其变体——拔步床。我国古人认为睡觉有大睡和小睡两种，大睡就是晚上的正式睡眠，小睡指午休等小憩。榻和罗汉床就是用于小睡，也可以用来待客；而架子床和拔步床则用于大睡，不能用来待客。

图 | 黄花梨双月洞架子床

## 罗汉床

至今没有学者能够很准确地解释出罗汉床的来历，普遍推测它是由明人所称的"弥勒榻"改进而来的。弥勒榻是大型坐具，短不能卧；而罗汉床也是坐的功能大于卧的功能。

罗汉床的形制比较多，但最基本的形制是指左右及后面均装有围栏的一种床。围栏多用小木做榫子拼接而成，最简单的罗汉床用 3 块整板做成。这种床后背稍高，两端做出阶梯形软圆角，既朴实又典雅。

图 | 越黄罗汉床

图 | 红木嵌螺钿罗汉床

　　罗汉床不仅可以躺卧，更常用于坐。在床正中放一炕几，两边铺设坐褥、隐枕，放在厅堂待客，作用相当于现代的沙发。床上的炕几，作用类似现代的茶几，既可依凭，又能放置杯盘茶具。由此可见，罗汉床是一种坐卧两用的家具，在卧室曰"床"，在厅堂则曰"榻"。

　　另外，元明时期也有人使用无围子床塌，该床也是厅堂中较讲究的家具，其目的在于模仿古意，应视为宋代遗俗。清代的罗汉床和榻的围栏大多使用雕花或装板镶嵌，用小木攒接的不多。镶嵌材料有玉石、瓷片、大理石、螺钿、珐琅、竹木牙雕等；描金彩画在当时也较为常见，题材非常广泛，有山水风景、树石花卉、鱼虫鸟兽及各种人物故事等纹饰，可谓琳琅满目，十分华丽。然而，它们都比较娇嫩，使用时不及明代家具实惠。

图 I 红木雕花卉架子床

## 架子床

架子床是指床身上架置四柱、四杆的卧具。架子床的四角安有立柱，床面的左右和后面装有围栏，上端装有楣板，顶上有盖，俗谓"承尘"。围栏多用小木做榫，拼接成几何纹样。清代架子床与前代不同，除四面围栏外，多在正面做垂花门，用厚一寸许的木板，镂雕成"松、竹、梅""葫芦万代""岁寒三友"等寓意"富贵长寿""多子多福"的吉祥图案，风格或古朴大方，或堂皇富丽。

还有的床下不用四足，而用两个特制的长条木柜支撑床屉，这样可以充分利用床下空间，以贮存日用物品。另架子床又有四柱床、六柱床之分。

图 | 束腰马蹄腿攒框六柱式架子床

## 拔步床

拔步床又叫"八步床"，是体形最大的一种床，也是架子床的一种。在《鲁班经匠家镜》中拔步床被分别列为"大床"和"凉床"两类，其实这是它的繁简两种形式。

拔步床从外形看好像是把架子床安放在一个木制平台上，平台长出床的前沿二三尺，平台四角立柱，镶以木制围栏。也有的在两边安上窗户，使床前形成一个小廊。两侧放些桌凳等小型家具，用以放置杂物。虽在室内使用，却很像一幢独立的小屋子。

图 | 柏木红漆雕描金人物拔步床

　　拔步床多在南方使用，因为南方热而蚊蝇多，床架的作用主要也是
为了挂蚊帐。上海潘氏墓、河北阜城廖氏墓及苏州虎丘王氏墓出土的家
具模型都属于这一类。北方则因天气寒冷，一般人多睡暖炕，即使睡觉
用床，为了使室内宽敞明亮，也只需在左右和后方安上较矮的床围子。

## 美人榻

美人榻是由古代的坐具演变而来的，有后背，一侧或两侧带枕头，可坐可躺，制作精巧，一般要比罗汉床小一些，通常放在书斋或亭榭间，供人小憩。因它舒适小巧，形态优美且古典华丽，容易令人联想起"侍儿扶起娇无力"的场面，因而又称"贵妃椅"。

图 | 美人榻

图 | 红木美人榻

榻

　　榻是从非常古老的家具演变而来的，最主要的特点就是狭长、低、近地、无栏杆、无围子、一个平面且四足落地。早期的榻都特别矮，我们今天看到的明清时期的榻，相对来说比较高。在山西和陕西地区，由于交通比较闭塞，一些农民家里仍保存了榻，方便使用。他们把这种榻搁在炕上用，到了春天和秋天，烧炕的时候，会感觉非常热，这时可以把榻放在炕上。因为榻离炕有十几厘米的距离，所以躺在上面睡觉会非常舒服。

## 坐具类

　　坐具指供人坐的用具。凳子、椅子都是我国传统的坐具，它们又包括很多种不同的式样。

图 | 红木方凳

**图** | 紫檀束腰云龙纹扶手椅（一对）·清乾隆

## 凳子

明清时期凳子和坐墩的形式有很多种，明代主要有方形、长方形、圆形几种，清代又增加了梅花形、桃形、六角形、八角形和海棠形等。制作手法分为有束腰和无束腰两种形式。有束腰的凳子大部分用方形材料，很少用圆料；而无束腰的凳子则方料、圆料都用，如罗锅枨加矮老方凳、裹腿劈料方凳等。有束腰者可用曲腿，如鼓腿膨牙方凳、三弯腿方凳，而无束腰者通常只用直腿；有束腰者的足端会做出内翻或外翻的马蹄状，而无束腰者的腿足无论是方还是圆，足端都很少做装饰。

凳面所镶的面芯做法也不相同，有落堂与不落堂之别。落堂指面芯四周略低于边框，不落堂指面芯与边框齐平。面芯质地自然不尽相同，有瘦木芯的，有各色硬木芯的，有木框漆芯的，还有藤芯、席芯、大理石芯的等。

图 | 黄花梨三弯腿方凳·清早期

## 方凳

方凳指凳面呈方形或长方形无靠背的坐具，通常以有无束腰来区分，属于我国宋元以后的家具椅凳类。凳本称为杌凳，"杌"字的本义是"树无枝也"，故杌凳被用作无靠背坐具的名称。"杌凳"二字连用，在北方语言中广泛存在。

我国古代的起居方式，在南北朝前，都是席地而坐。到了南北朝，尤其是北魏佛教兴起之后，西方垂足而坐的生活方式逐渐传入中原，因此，愈来愈多的高坐具出现了。杌凳与带靠背的椅子相比更为轻便，可

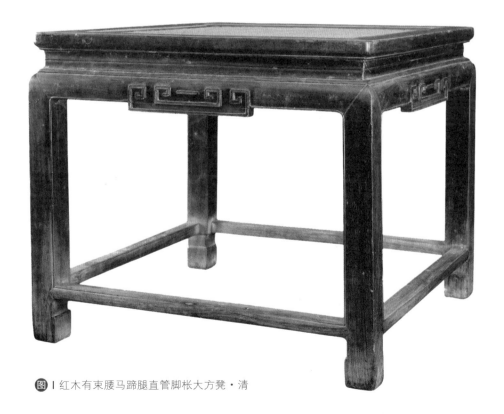

见凳类坐具是我国古代能工巧匠在民族融合的基础上，通过总结生活经验而设计改进的。

这种凳子尺寸不等，最大的约两尺见方，最小的也有一尺见方。虽然外貌总体看来不过就是"长方形"的凳子，但样式变化却让人感到"静中有动"。比如明代方凳，有的是一色木制，有的则在凳面镶嵌大理石，还有的采用丝绳、藤条编织软芯，这是想让人在炎炎夏日坐起来清爽宜人。方凳可以与方几、方桌搭配使用，也可陈设于室内窗户之下。单独摆放时，多分置在隔扇两旁或置于屋角；南方一般靠墙排列。方凳在我国古代众多家具中占有十分重要的位置。

### 长凳

长凳有长方和长条两种。有的长方凳长宽之比差距不大，则统称为方凳。

图 | 红木有束腰马蹄腿直管脚枨大方凳·清

图 | 春凳

　　长宽之比差距明显的多称为春凳，长度可供两人并坐，有时也可当炕桌使用。古时民间还用来作为出嫁女儿时上置被褥、贴喜花、请人抬着送进夫家的嫁妆家具。还有一种说法是春天来了，可以搬到室外去坐，所以叫春凳；也有说它过去跟春宫画有很多不解之缘，所以叫春凳。

**圆凳**

　　圆凳也叫圆杌，是一种杌和墩相结合的凳子。明代圆凳的造型略显敦实，三足、四足、五足、六足均有。做法一般与方凳相似，多有束腰。无束腰圆凳则在腿的顶端做榫，直接承托座面。它和方凳的不同之处在于：方凳因受角的限制，面下都用四腿；而圆凳不受角的限制，最少三足，最多可达八足。圆凳一般形体较大，腿足呈弧形，牙板随腿足膨出，足端削出马蹄，名曰鼓腿膨牙，下带圆环形托泥，使其坚实牢固。

图 | 花梨木八足圆凳

### 脚凳

脚凳是用来支撑脚的低凳子，也可以用来坐。古代的"凳"，开始并不是指坐具，而是专指蹬具，把无靠背坐具称为凳子是后来之事。汉刘熙《释名·释床帐》说："塌凳施于人床之前，小塌之上，所以登床也。"显然当时的凳是一种上床的用具。

脚凳通常跟宝座、大椅、床塌组合使用，除蹬以上床或就座外，还有搭脚的作用。明清家具中一般的宝座或大椅座面要高于人的小腿高度，所以人坐在上面两脚会悬空，若设置脚凳，将腿足置于脚凳之上，可使人更加舒适。

图 | 红木脚凳

　　明代道教养生术中还将脚凳与健身运动结合起来，制成滚凳。道教认为，足底的涌泉穴是人之精气所生之地，为了能使人们时常按摩，便创制出滚凳。其形制是在平常脚凳的基础上将正中装隔挡分为两格，每格各装木滚一枚，两头留轴转动。人坐椅上，以脚踩滚，使脚底的涌泉穴得到摩擦，以达到气血流通的效果。明代高濂《遵生八笺》介绍滚凳时说："涌泉之穴，人之精气所生之地。养生家时常欲令人摩擦。今置木凳，长

图 | 黄花梨滚凳

图 | 紫檀回纹滚凳

二尺，阔六寸，高如常，四柱镶成，中分一档，内二空中车圆木两根，两头留轴转动，往来脚底，令涌泉穴受擦，无烦童子。终日为之便甚。"

## 坐墩

坐墩也叫"鼓墩""绣墩"，由于它上面多覆盖一方丝绣织物而得名。形圆，腹大，上下两端均小，外形像古代的鼓。坐墩是古代一种常见的坐具，通常用草、藤、木、瓷、石等材料制成，形制一般为：座面采用攒框拼圆边，镶圆形板芯（采用落膛踩鼓或落塘面的做法）；腔壁上端和下端多保留着蒙钉皮革的鼓钉纹；开光边缘、开光和上下两圈鼓钉之间均装饰弦纹；墩底和底座常一木连做，下接小龟足。

坐墩式样较多，主要有开光、直棂和瓜棱 3 种形式。

图 | 五开光弦纹坐墩

图 | 乾隆粉彩开光绣墩

明代坐墩在形体上较清代稍大，但和宋元时期的坐墩相比又要小一些。为了提携方便，有的还在腰间两侧钉环，或在中间开出 4 个海棠式透孔。进入清代后，坐墩除在造型上较明代瘦而显秀雅外，还从圆形派生出海棠式、梅花式、六角式和八角式等多种形式。根据不同季节使用不同质地的坐墩，如蒲墩保温性能好，越坐越暖，故多在冬季使用；藤墩透气性能好，散热快，故多用于夏季，取其通风凉爽之特性。同时还要根据不同的季节辅以不同的软垫和有精美花纹刺绣的座套，合在一起，才是名副其实的绣墩。

## ❀ 开光

开光又称开窗，最早是瓷器的装饰构图方式之一，即在器物的显著部位以线条勾勒出圆形、方形等形状的框架，框内绘各种图案，起到突出主题纹饰的作用。这种装饰方法如同在古建筑上开窗见光，故名。南宋吉州窑、金代耀州窑及金、元磁州窑等瓷器上普遍采用开光装饰。元、明、清景德镇瓷器上大量运用开光技法装饰画面，品种有青花、五彩、斗彩、粉彩等，官窑瓷器上更为普遍。开光装饰技法使器物更具有整体性和连续变化的美感。

开光一般为白地开光，也有色地开光。在成型器物表面，贴上圆形或方形的湿纸，施色釉后把纸揭去，在没有釉的空白处，以色料绘花纹，干燥后即行吹釉或以其他方法施釉，高温烧成。有一种洒蓝地开光五彩器的制作，先贴上长方形湿纸，然后用青料吹青，揭去贴纸，罩上透明釉，经高温烧成即为洒蓝地，再在白色开光内用五彩绘画，低温烤烧即成。

另外，开光在佛教与道教中都有表法的意义。

## 座椅

明代座椅类型有如下几种：宝座、交椅、圈椅、官帽椅、靠背椅以及玫瑰椅等。

## 宝座

宝座是供帝王专用的坐具，是皇宫中特有的大椅，造型结构仿床塌做法。在皇宫和皇家园林、行宫里陈设，为皇帝专用品。有些宝座的造型、结构和罗汉床相比没有什么区别，只是形体较罗汉床小些。有人说宝座是由床演化而来的，确实有一定的道理。

图 | 紫檀宝座·清

　　宝座多由名贵的硬木制成，施以云龙等繁复的雕刻纹样，雕工非常烦琐，涂以金漆，富丽华贵。古时有些王公大臣也有用大椅的，但其花纹有所不同。这种大椅很少成对，大多单独陈设，常放在厅堂中心或其他显要位置。

### 交椅

　　交椅因其下身椅足呈交叉状，故名。其形制为前后两腿交叉，以交接点作为轴，上横梁穿绳为坐，于前腿上截即座面后角上安装弧形栲栳圈，正中有背板支撑，人坐其上可以后靠。

图 | 交椅

交椅不仅陈设于室内，外出时亦可携带。宋、元、明乃至清代，皇室官员和富户人家外出巡游、狩猎都会携带交椅。《明宣宗行乐图》中就绘有这种交椅，其挂在马首上，以备临时休息之用。由于交椅比较适合人体休息的需要，所以历经千余年的发展，其形式结构并无明显变化。

## 圈椅

圈椅是由交椅发展而来的，最明显的特征是圈背连着扶手，从高到低一顺而下，坐靠时可使人的臂膀都倚着圈形的扶手，感觉十分舒适，因而颇受人们的喜爱。圈椅的椅圈与交椅的椅圈完全相同，只是交椅因其面下特点而命名，圈椅则因其面上特点而命名。圈椅是由交椅演变而来的，由于在室内陈设相对稳定，无须使用交叉腿，故而采用四足。圈椅以木板做面，和一般椅子的座面几乎一样，只是椅的上部保留着交椅的形式。在厅堂陈设及使用中大多成对，单独使用的不多见。

图 | 黄花梨宫廷式圈椅（一套）

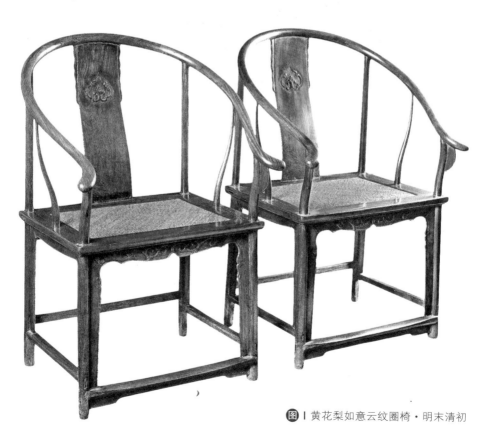

图 | 黄花梨如意云纹圈椅·明末清初

圈椅的椅圈大多采用弧形圆材攒接，搭脑处稍粗，从搭脑向两端渐次收细。为了与椅圈形成和谐的效应，这类椅子的下部腿足和面上立柱一般采用光素圆材，只在正面牙板正中和背板正中点缀一组浮浅简单的花纹。明代晚期，曾出现一种座面以下采用鼓腿膨牙带托泥的圈椅。虽然造型富于变化，但4根立柱并非与腿足一木连作，而是另外安装，这样势必会影响椅圈的牢固性。明代圈椅的椅式极受世人推崇，论等级高于其他椅式。

## 官帽椅

官帽椅因其造型酷似古代官员的帽子而得名。官帽椅分为南官帽椅和四出头式官帽椅。

南官帽椅的造型特点是在椅背立柱与搭脑的衔接处做出了软圆角。做法是由立柱做榫头，搭脑两端的下面做榫窝，压在立柱上，椅面两侧的扶手也采用同样的做法。背板做成S形曲线，一般用一块整板做成。明末清初出现木框镶板的做法，由于木框带弯，板芯多由几块拼接，中间装横枨，面下由牙板与四腿支撑座面。这种椅型在南方比较多，故称南官帽椅，最常见的材质是花梨木。

四出头式官帽椅实质就是靠背椅子的搭脑两端、左右扶手的前端出头，背板多为S形，而且多用一块整板制成。与南官帽椅的不同之处是在椅背搭脑和扶手的拐角处没有做成软圆角，而是通过立柱后继续向前探出，尽端微向外撇，并削出光润的圆头。这种椅子也多用黄花梨木制成。

图 | 红木南官帽椅·明

图 | 黄花梨四出头式软屉官帽椅

## 玫瑰椅

　　玫瑰椅实际上是南官帽椅的一种，宋代名画中时有所见。明代这种椅子的使用逐渐增多。造型别致，椅背要比其他各式椅背低，和扶手的高度相差无几。靠着窗台使用时不至于高出窗台，配合桌案陈设时也不会高过桌面。正因为如此，玫瑰椅深受人们喜爱。

　　玫瑰椅一般用花梨木或鸡翅木制作，极少使用紫檀或红木。玫瑰椅的名称在北京匠师的口语中流传较广，南方称其为"文椅"。目前还未见古书记载玫瑰椅的名称，只《鲁班经匠家镜》一书中有"瑰子式椅"的条目，但是否是今之谓玫瑰椅还不能确定。

图 | 黄花梨出头榫梳背玫瑰椅

### 靠背椅

靠背椅是只有后背而无扶手的椅子，其形制简单，式样不多，根据靠背的不同，主要分为一统碑式和灯挂式两种。一统碑式的椅搭脑与南官帽椅的形式完全一样；灯挂式靠背椅的靠背与四出头式基本一样，因两端长出柱头，又向上微翘，仿佛挑灯的灯杆，故而得名"灯挂椅"。靠背椅的椅型一般小于官帽椅，在用材和装饰上，硬木、杂木及各种漆饰等尽皆有之，特点是轻巧灵活，使用方便。

由于手工业技术在清代的快速发展以及人们对装饰形式的追求，各类器物都出现雕饰过繁的现象。为了加强装饰效果，清代座椅经常采用屏风式背，这样可以在板芯上雕刻或装饰各种花纹。清代后期，由于珍贵木材的匮乏，加上频繁的战乱，家具行业跟其他行业一样逐步走向衰落。红木因产量较高且较易得到，故而是这一时期制作家具的主要材料，所以红木家具基本属于清代晚期至民国初年的作品。尽管它们制作于清代，但并不代表清式家具的典型风格。

## 太师椅

圈椅在明代还有"太师椅"的别称。太师椅始于南宋初年，是从秦桧任太师时兴起的，也是中国唯一一种以官衔命名的家具。据史书记载，宋代有个叫吴渊的京官为奉承当时的太师秦桧，在秦桧的交椅后背加了一个木制荷叶形的托首，时称太师样。因坐者将头靠在此托首上比较舒服，故仿效者颇多，并名太师椅。明代，这种交椅被美观大方的圈椅所取代，所以圈椅又被称为太师椅。到清代所有的扶手椅都被称为太师椅，这显然不妥，因为清代并无"太师"之官名。所以，明代称圈椅为太师椅，是对圈椅的又一美称；清代将所有的扶手椅称为太师椅，则只是民间的俗称而已。

图 | 六仙桌

# 第二节　起居与屏蔽具类

## 桌案

### 方桌

　　凡四边长度相等的桌子都称为方桌，规格有大小之分，结构有无束腰和有束腰两种，在这两种基本造型的基础上，又进行了不同的处理。如腿部有方腿、圆腿，还有仿竹节腿；枨子有罗锅枨、直枨和霸王枨；脚部有直脚、勾脚；枨上装饰有矮老，有卡子花、牙子、绦环板等。常见的有"八仙桌""四仙桌"等。

图 | 花梨明式方桌·清

　　八仙桌因每边可并坐 2 人，合坐 8 人，故得名。有说八仙桌这一概念是在晚明嘉靖时期出现的，嘉靖皇帝是一个非常崇尚道教的皇帝，对"八仙"尤为尊重，故民间将此类桌子称为八仙桌，也包含着尊重客人的意思。据史载，八仙桌在辽金时代就已经出现，至明代，其造型已日趋完善，分为有束腰与无束腰两种形式。有束腰的是指桌面下部有一圈是收缩进去的，而无束腰的则是四腿直接连着桌面。清代时，八仙桌大部分都是带束腰的，有的腿还改成了三弯腿。明清时期，八仙桌已经很普及了，不论是官宦人家还是普通百姓，都将八仙桌当作很重要的家具摆设。

　　还有一种一腿三牙式的方桌，其造型独特，桌腿足的侧脚收分明显，足端不做任何装饰。桌面边框用材比较宽，桌腿可以向里收缩。面下桌牙除随边两条外，另在桌角下沿装一条小板牙与其他两条长牙形成135°角。这3个方向的桌牙都同时装在一条桌腿上，共同支撑着桌面，故称一腿三牙。这种方桌不仅结构坚实，造型也很美观。

　　明清方桌中还有一种专用的棋牌桌，通常有两层面，个别的还有3层。套面之下，正中有一方形槽斗，四边装上抽屉，里面可以存放各种棋具、纸牌。方槽上有可以活动的盖，两面各画围棋、象棋两种棋盘。棋桌相对的两边靠左

图│紫檀高束腰西番莲纹方桌·清乾隆

图 | 黄花梨一腿三牙式方桌

图 | 红木棋牌桌

侧桌边各做出一个直径10厘米、深10厘米的圆洞,是放棋子用的,上有小盖。不对弈时可盖好上层套面,可以打牌或玩别的游戏。平时也可用作书桌,之所以叫棋牌桌,是指它是专为弈棋制作的,具备弈棋的器具与功能。实际上它是一种集棋牌等活动于一身的多用途家具。

## 长桌

长桌也称长方桌,其长度一般不超过宽度的2倍。若长度超过宽度2倍以上,一般都称之为条桌。长桌分为有束腰和无束腰两种。

## 条案

条案是中国古代家具陈设中最常用的家具之一,专指长度超过宽度两倍以上的案子,也是各种长条形几案的总称,与桌子的差别是因脚足

图 | 拐子纹长桌

图 | 清式紫檀雕西番莲条桌

位置不同而采用不同的结构方式。条案都无束腰，一般
分为平头和翘头两种。平头案有宽有窄，长度不超过宽
度 2 倍的，人们一般称之为"油桌"，一般形体不大，
实际上是一种案形结体的桌子。较大的平头案有超过 2
米的，一般用于写字或作画，称为画案。个别平头案的
长度也有超过宽度 2 倍以上者，也属于条案范畴。

图｜红木雕回纹条案·清

翘头案则绝大多数都是长条形。长度一般都超过宽度2倍以上，有的超过4~5倍，所以翘头案都称条案。明代翘头案多用铁力木和花梨木制成。两端的翘头常与案面抹头一木连做。一般来讲，明式条案窄长，以线条装饰为主，比例精到；清式条案则较宽，多以吉祥图案、福寿纹样装饰。

图 | 榉木小翘头案·清早期

图 | 紫檀龙纹画案

条案是礼仪性非常强的家具，同时陈设比较灵活。明清时期人们常将其设于正厅之间，上配中堂，前配方桌、对椅；若设侧间，一般多置于窗前或山墙处，上放花瓶、座钟和梳妆用具等物品。在书斋、画室、闺阁、佛堂等高雅场合也颇为多见，或摆书函、文具，或放画轴、字帖，或陈鼎彝雅物，或置香薰、拂尘等，旨在与室内装潢和其他家具协调统一，从而形成高雅和谐的布局效果。

圆桌

现存明清家具中的圆桌多为清代作品，圆桌在明代可不多见。圆桌也分为有束腰和无束腰两种。有束腰的，有五足、六足、八足者不等，足间装横枨或装托泥。无束腰圆桌，一般不用腿，而在面下装一圆轴，插在一个台座上，桌面可以来回转动，开阔了面下的使用空间，增加了使用功能。

图 | 酸枝木圆桌

图｜梯形桌

## 半圆桌

　　半圆桌在明代也不多见，多见于清代。它是将一个圆面分开做，使用时可分可合。靠直径两端的腿做成半腿，把两个半圆桌合在一起，两桌的腿靠严，实际是一条整腿的规格，也就合成一个圆桌。在半圆桌的基础上，又衍化出六、八角桌，使用和做法大致相同，属于同一类别。清代皇宫及王府园林中，半圆桌及其衍化者是极常见的家具品种。

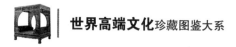 

## 架几案

架几案一般形体较大，由两个特制大方几和一个又长又大的案面组成，使用时将两个大方几按一定距离放好，将案面平放在几上，"架几案"也由此得名。

图 | 黄花梨独板架几案·清早期

架几案是几与案的组合体，两端为两个几架起案面。其案面长可近丈，气势宏大，厚的能到 2 寸。特点是两头几子与案面不是一体，而是分体的家具。架几案既不用夹头榫也不用插肩榫，可随意拆卸，装配灵活、搬运方便。架几案的案面多用厚板造成，如果是攒边装板制作的，匠师们称它为响膛，意思是一拍案面便砰然作响，与实心的厚板音响不同。明式架几案的案面光素无纹饰，而清式架几案多为立面浮雕花纹。

两端几子的做法多种多样。最简单的一种几子是以 4 根方材做腿，上与几面的边抹相交，用棕角榫连接在一起，边抹的中间装板芯，腿下由管脚枨或由带小足的托泥支撑。这是架几案几子最基本的形式。

架几案上面通常放置一些盆景、山石、雕塑、自鸣钟等大件器物，多置于殿宇中或宅第厅堂。由于这种案的几形结构通常雕刻精美，又具搬动灵活的特点，历来深受文人雅士的喜爱。架几案开始盛行是在清朝以后，在南方，体形超大的架几案还被称为"天然几"。

图 | 裹腿式架几案

## 炕桌、炕案和炕几

概括来说，炕桌、炕案和炕几都是属于同一范畴的家具。它们在使用中既可依凭靠倚，又可用于放置器物或用于宴享。炕桌是一种近似方形的长方桌，其长宽比例差距不大。炕桌结构特点多模仿大型桌案的做法，而造型却较大型桌案更富于变化。如鼓腿膨牙桌、三弯腿炕桌等。鼓腿膨牙桌的做法是桌腿自拱肩处膨出后向下延伸然后又向内收，尽端削出马蹄。

炕案除结构和造型有别于炕桌外，长宽比例差距较大。做法与大型条案相同，日常使用则与炕几的作用完全一致。

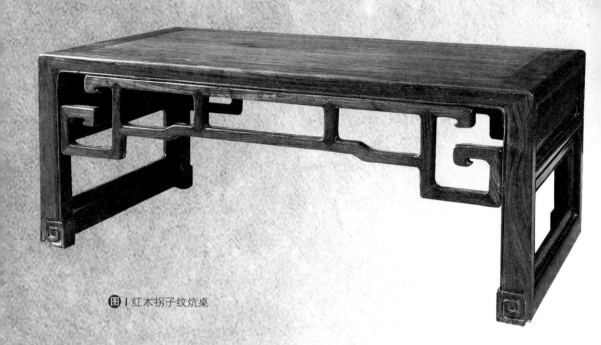

图 | 红木拐子纹炕桌

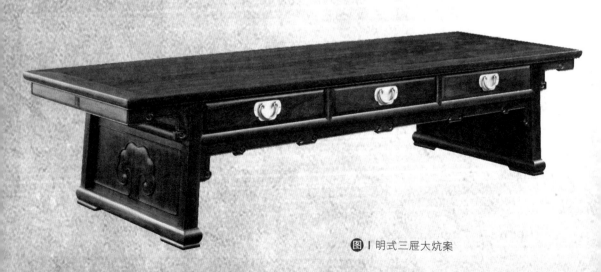

图 | 明式三屉大炕案

炕几也叫靠几，长宽比例差距较大，有别于炕桌。明代时，炕几、炕桌和炕案的使用很普遍，而且非常讲究。明代《遵生八笺·起居安乐笺》中介绍说："靠几，以水磨为之，高六寸，长二尺，阔一尺有多，置榻上。侧坐靠衬，或置蕉炉、香盒书卷最便。三物吴中之式雅甚，又且适中。"

## 香几

香几是古代承放香炉用的家具，因置香炉而得名，一般家具多做方

图 | 红木镶瘿木面炕几·清

图 | 紫檀雕夔龙霸王枨香几（一对）

形或长方形，香几则大多为圆形，较高，而且腿足弯曲较夸张，且多三弯脚，足下有"托泥"。香几不论在室内或室外，多居中设置，无依无傍，面面宜人观赏。

香几的使用并不绝对，有时也可他用。香几大多成组或成对使用。古书中对各种香几的描绘均很详细："书室中香几之制二，高可二尺八寸，几面或大理石，或歧阳、玛瑙石，或以骰子柏楠镶芯，或四、八角，或方或梅花，或葵花、慈姑，或圆为式，或漆、或水磨诸木成造者，用以阁蒲石，或单玩美石，或置香橼盘，或置花尊以插多花，或单置一炉焚香，此高几也。"

## 矮几

矮几是摆放在书案或条案之上用以陈设文玩雅器的一种小几。因以陈设文玩雅器为目的，所以这种几越矮越好。常见的案头小几，通常以一板为面，长100厘米，宽36厘米，高仅10厘米。有的嵌着金银片子，几面两端横设小档两条，用金泥涂之。面下面不太适宜用腿，而常用四牙。

图 | 红木三档矮几·清

图 | 红木花几

## 花几

　　花几又称花架或者花台，俗称高花几，是用来摆放花卉盆景的高型几架。其用料讲究，多用紫檀、花梨木等红木制作，几面形状多样，常见的有多边形、方形、梅花形、圆形等，形制有高有低，给人高雅舒展之感。清代中期以后开始流行细高型花几，有的超高型花几高达100厘米以上，有的甚至可达170厘米。

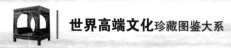
花几的装饰形式较多，较为常见的有烫蜡、髹漆、雕刻、镶嵌，尤其是用嵌骨、珠、玉石、木、瓷等，显得更为豪华。

图 | 红木花几·清

图丨嵌螺钿描金花卉琴桌·清

## 琴桌

明清时期，专用桌案中除棋桌以外，还有一种琴桌。琴桌大体沿用古制的形制，大多以石为面，常用的有玛瑙石、南阳石、永石等。也有采用厚木板做面的，曾经也有以一种两端透孔、中间空心的郭公砖代替桌面的，因为使用时，琴音可以在空心砖内引起共鸣，音色效果会更佳。

还有的琴桌为了达到好的效果，会在桌面下做出能与琴音产生共鸣的音箱。其做法是用薄板为面，下装桌里，桌里的木板要与桌面板隔出3厘米~4厘米的空隙，桌里镂刻出两个钱纹，作为音箱的透孔。桌身通体用红漆髹饰，用理沟描金的手法填戗龙纹图案。这恐怕是目前所知最华丽而又实用的琴桌了。

## 郭公砖

古代的一种砖名，空心，以长而大者为贵，又名空心砖。相传郭公砖是当时郑州砖匠郭公制造的灰色空心泥砖，长5尺，宽1尺，砖面有方胜或象眼花纹等，所以称之为"郭公砖"。

古人有用此砖作为琴桌的台面。以此为台面的琴台最适合弹奏古琴，砖心中空形成共鸣腔，琴声清冷动听。

# 屏风

屏风是古代建筑物内部用以挡风的一种家具，所谓"屏其风也"。屏风的历史由来已久，一般陈设于室内的显著位置，起到分隔、美化、挡风、协调等作用。按照形制不同屏风可分为座屏和折屏两大类。

另外，清初还出现了一种纯装饰性的屏风，也就是挂屏。挂屏通常多代替画轴挂在墙上，一般成对或成套使用，如4扇一组称四扇屏，8扇一组称八扇屏。

木制屏风中，有的屏身镶以各种石材，有的裱糊锦帛，并加以书法和绘画，或雕刻，或镶嵌，具有极强的观赏性，是仕宦和文人家庭的常备家具。

图 | 紫檀嵌珐琅大吉葫芦挂屏·清

图 | 红木嵌螺钿山水挂屏

图 | 百鸟朝凤座屏

## 座屏

座屏就是下有底座、不能折叠的屏风，有人也叫它立地屏风或插屏。屏芯装饰吉语文字、镶嵌、雕刻、书画等，观赏性很强。屏座多雕刻花饰，式样较多，主要依用途而定。古代经常用它作为主要座位后的屏障，借

以显示主人的高贵与尊严，后人大多将其设在室内的入口处。室内空间较大的建筑物，进门处常用大型座屏作为陈设，起遮掩视线的作用，也即现代所称的"地屏"。还有一种较小的座屏，一般置于床前、桌案之上。

　　座屏有单扇的，也有三扇甚至五扇的，以三扇或五扇为常式，通常都是单数，又称"三屏式""五屏式"。其中三扇插屏中间高，两端低，像"山"字，故又称"山字式"。

图 | 黄花梨嵌石插屏·清中期

## 折屏

折屏就是可以折叠的屏风，也称作围屏，因无屏座，放置时折曲成锯齿形，故名"折屏"，一般由 4、6、8、12 片单扇配置连成。围屏屏扇、屏芯装饰方法通常有素纸装、绢绫装和实心装，表现形式通常有书法、绘画、雕填、镶嵌等。

折屏是我国古代居室内重要的家具、装饰品，其形制、图案及文字均包含大量文化信息，不仅能表现文人雅士的高雅情趣，也包含了人们祈福迎祥的深刻内涵。

图 | 黄花梨折屏

## 屏风的陈设与选购

屏风陈设于室内合适的位置，不仅可以起到美化协调的作用，而且还能挡风聚气。所以屏风不仅是古代的重要家具，在现代也为人们普遍使用。

现代屏风有中式屏风和时尚屏风两种。中式屏风是市面上最常见的，取材非常广泛，包括山水、人物、花鸟、博古、书法以及历史故事、人物等，大多是工笔画，色彩方面多用金色、灰色、白色等柔和色调。中式屏风与中式家具搭配，呈现出典雅、宁静之美。时尚屏风，无论是用料还是设计都非常大胆、新颖。选料上，往往摒弃了厚重的材料，由透明、轻柔的材料所取代。色彩方面，显得更加丰富多彩，常见的有红、黄、绿等颜色，图案方面多见几何、花卉、纯色等。时尚屏风要与西式家具搭配。

如果房子空间不大，并不适合设置屏风。大门没有与阳台、窗户相对或没有与房门、厨门、厕门相对，都不需要设屏风。若房子装修风格是古典式的，宜用中式屏风，现代式的则宜用时尚屏风。

选购屏风时，最好选用木质的屏风（包括竹屏风和纸屏风）。玻璃和金属材质的慎用，尤其是家中有小孩的，尽量不用，因金属和玻璃本身会给人冷冰冰的感觉，而且金属也会干扰人体的气场。颜色和图案方面，可根据个人喜好来选择，但要与房子格调相协调，也可根据本人的命理五行选择。例如，五行喜木者，选用绿色、青色带植物图案的屏风；五行喜水者，选用蓝色带水景或鱼图案的屏风。再者，屏风的高度不宜太高，最好不要超过一般人站立的高度，否则，容易给人压迫感。如果玄关空间较小，设置屏风时可考虑设计成低矮式的，然后在上面放置一盆植物，既美观又能带来生气。

图｜中国京剧脸谱屏风

图 | 成对红木竹节小橱

# 第三节 存储具与照明具类

## 柜类

### 圆角柜

圆角柜是典型的明式柜,全部用圆料制作,顶部有突出的圆形线脚(向前面和两侧面探出的柜帽),不仅四脚是圆的,四框外角也是圆的,因此得名。柜身上小下大,收分明显,采用门轴结构,门扇和腿足不安合页。

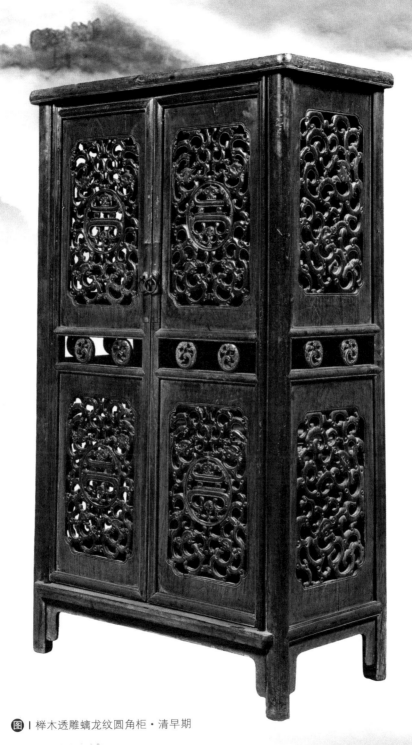

图 ┃ 榉木透雕螭龙纹圆角柜·清早期

　　圆角柜的门扇之间可设闩杆，也可不设。有的圆角柜在门扇以下、底枨以上设柜膛，用来增加柜的容量。也有的不设柜膛，但在底枨之下安装牙子。柜门装板有安装通长的薄板，也有的分段装成。圆角柜有两门的，也有四门的，四门圆角柜形式与两门相同，只是宽大一些。靠两边的两扇门不能开启，但可摘装。

### 方角柜

　　方角柜的基本造型与圆角柜相同，不同之处是柜体垂直，4 条腿全用方料制作，没有侧脚，一般与柜体以合页结合，柜门有硬挤门和闩杆门两种形式。

图｜黄花梨四面平马蹄腿方角柜·清早期

图 | 黄花梨四件柜

　　方角柜的顶部无顶箱的，称为"一封书式"，外形像有函套的线装书。在方角柜上加一个顶箱的，叫"顶箱立柜"，成对摆放的顶箱立柜，因为顶箱和立柜各自有两件，所以又叫"四件柜"。四件柜的形制有大有小，没有一定具体的规格，大的高达三四米，陈设在高堂之内；小的多放在炕上使用。

## 亮格柜

亮格是指没有门的隔层，柜是指有门的隔层，故带有亮格层的立柜统称"亮格柜"。亮格柜常见的形式是亮格在上，柜子在下。亮格是架格之上开敞无门的部分，用于置放器物，便于观赏。亮格有一层的，也有双层的，一层的更多见，或全敞，或安装后背。柜部有的设抽屉，有的不设。抽屉或设在柜门的里面，或安装在亮格的下面，柜门的上面。明清时期一般厅堂或书房都备有这种家具。

图 | 花板亮格柜

亮格柜还有一种式样：上为亮格，中为柜子，下为矮几。北方的匠师通常称之为"万历柜""万历格"。至于为何叫此名，至今尚无定论。

图｜榉木亮格柜·清

图 | 黄花梨螭纹联二橱

## 闷户橱

闷户橱是一种具备承置物品和储藏物品双重功能的家具。其外形像条案，但腿足侧脚做有抽屉，抽屉下面还有可用于储藏的空间箱体，叫作"闷仓"，故得名。闷仓是设在橱下用来存放物品的封闭空间，没有门，从外面无法取物，取存物品要拿下抽屉。闷户橱以抽屉数的多少来命名，两个抽屉的叫"联二橱"，三个抽屉的叫"联三橱"。

闷户橱是明代民间流行的家具之一，多置于室内，用来存放细软之物。据说，在民间又称之为"嫁底"，是嫁女必备的嫁妆之一。送亲时，娘家人用红头绳将嫁妆系扎于闷户橱上，抬到男方家中。

图 ┃ 紫檀螭龙纹小多宝槅

## 多宝槅

又称"博古槅""什锦槅"，是专用来陈设文玩器物的家具，流行于清代。其特点是用层板将柜体的空间分割成大小不同、高低错落的多层小槅，人们可根据每槅的面积大小和高度，摆放大小不同的陈设品。在视觉效果上打破了横竖连贯等极富规律性的格调，因而开辟出一种新的意境来。

多宝槅制作精美，隔板、抽屉、架的边缘多雕饰繁缛的花纹和各种形状的开光，受当时西洋文化影响，有的花纹还带有明显的西洋风格，其展现的整体艺术性极强。

　　清雍正时期，多宝槅极为流行，多见于宫廷或官府之中，民间大户人家也多有陈设。至清后期，多宝槅上开始安装玻璃和洋式锁，于是改称为"陈设柜"。

**图 I** 红木多宝槅

## 十里红妆

　　所谓"十里红妆"是旧时嫁女的场面。人们常用"良田千亩，十里红妆"形容嫁妆的丰厚。旧俗在婚礼前一天，除了床上用品、衣裤鞋履、首饰、被褥以及女红用品等细软物件在迎亲时随花轿运送外，其余的红衾大至床铺，小至线板、纺锤，都由挑夫送往男家，由伴娘为之铺陈，俗称"铺床"。

　　发嫁妆时，大件家具两人抬，成套红脚桶分两头一人挑，提桶、果桶等小木器及瓷瓶、埕罐等小件东西盛放在红扛箱内两人抬。一担担、一杠杠都朱漆髹金，流光溢彩。床桌器具箱柜被褥一应俱全，日常所需无所不包。蜿蜒数里的红妆队伍经常从女家一直延伸到夫家，浩浩荡荡，仿佛是一条披着红袍的金龙，洋溢着吉祥喜庆，炫耀着家产的富足，故称"十里红妆"。

# 箱类

　　箱也是存放物品的重要家具，种类很多，如制作精良、小巧美观、常置于案上的官皮箱；用于存放衣物的衣箱；还有内设若干抽屉的药箱等。

**图** | 樟木箱

图 | 黄花梨樟木衣箱

## 衣箱

衣箱是专用来存放衣服的箱子，板式结构，上开盖，中部有套斗，下设底座，正面有铜饰件，钉鼻钮可以上锁，拉环在两侧，多用防虫效果颇佳的樟木制成。

有种大号的衣箱，又叫"躺箱"，专用于储放贵重的大件衣物。长约2米，高和宽都近1米，箱盖为上刀盖或半刀式的马蹄盖，箱内安格屉，可分层储放衣物，箱身两侧设粗大的提环，底座之下可设木轮，便于推动。

## 官皮箱

官皮箱并非官用，也不是皮制，而是指一种体形稍大的梳妆箱，一般由箱体、箱盖和箱座组成。箱体前有两扇门，内设抽屉若干，箱盖和箱体有扣合，门前有面叶拍子，两侧安提手，上有空盖的木制箱具。官皮箱是镜箱演变而来的，其体积较小，有平顶式和盝顶式两种形制。多用来装梳妆用具和文具，根据用途的不同，有各种不同的名称。

图 | 黄花梨官皮箱·清初

## 镜箱

镜箱又称"梳妆箱""镜匣""镜奁"，是用来装梳妆用具的小箱子。分高、低两种，高镜台类似专用的桌子，台上面竖有镜架，镜架中装有一块大铜镜，旁边设置有小橱。低镜台一般放在桌案上使用，形体比较小，镜台下面设有几个小抽屉，台面上装有围子，台面后部装有一组小屏风，屏前有活动支架，用来支撑铜镜。也有的镜台不装屏风和围子，而是在台面上安装有箱盖，打开箱盖，支起镜架，便可使用。

镜箱一般都是由贵重木材制成的，且箱身多髹漆精美的吉祥图案。箱体两侧设提环，方便提携。

图 | 镜箱

图 | 红木药箱

## 药箱

药箱是用来装药品的小箱子，体积小，方便携带外出。药箱形制多样，有的在药箱的两侧安装铜拉手，像方角柜；有的在箱体上安提手，像提盒。不管形制怎样，都是在前面开活门。箱内设有十几个大小不同的小抽屉，可存放不同的药品。

### 冰鉴

冰鉴是古代盛冰的容器，《周礼·天官·凌人》记载："祭祀共（供）冰鉴。"可见周代当时已有原始的"冰箱"。明清时期的"冰箱"是用木材制成箱体，里面是锡质，将冬天做好的天然冰块置于箱内用来制冷。一般均为长方形，上大下小，箱盖一般对开。箱体外侧有铜箍，箱身两侧设双提环，箱下设底座，有的三弯腿，有的有直腿内翻马蹄足，腿足下也可设托泥。

图 | 明清时期的"冰箱"

## 提盒

提盒是一种盛放物品的器物，因其是用对称的提梁托着盒子而得名。我国很早就有关于提盒的记载，只是到了明代，其长方形样式才被基本固定下来。提盒有大、中、小3种规格，大、中型提盒多用轻质木材制成。小型提盒用紫檀、黄花梨等贵重木材制成，讲究雕漆或百宝嵌装饰。小型提盒很少用来盛食物，多是作为贮藏玉石印章、小件文玩之具，只需一手提挈即可。明代文人的提盒大多用黄花梨、紫檀、鸡翅木等硬木制作，清代多用紫檀、红木制作。

图 | 黄花梨铜角提盒

# 宝盒

宝盒是指用来装珍贵物品的小木盒。宝盒用材讲究，做工精致，没有固定的形制，可以根据要装的物品大小来制作，集使用性和艺术观赏性于一体。

图 | 黄花梨宝盒

## 古代的冰箱

我国古人用冰为自己服务的历史十分久远。《周礼》里就有关于"冰鉴"的记载。据考证，所谓"冰鉴"就是暑天用来盛冰，并置食物于其中的容器。如此看来，"冰鉴"便是人类最早使用的"冰箱"了。《吴越春秋》上也曾记载："勾践之出游也，休息食宿于冰厨。"这里说的"冰厨"，就是夏季为帝王供备饮食的地方，因此又被称为"冷宫"。"冷宫"兼具现代冰箱、空调的功能。

古人还把"冰箱"技术运用到生产运输中。明代黄省曾在《鱼经》里写道：当时渔民常将白鳞鱼"以冰养之"，运到远处，谓之"冰鲜"。这样看来，"以冰养之"的储藏方法，我国古人最迟在明代就已经运用得十分普遍了。

古代藏冰，一说为祭神，一说为备暑天之用，而且还配备了管理冰库的专门官吏，名曰"凌人"。每年寒冬，人们将河中的冰凿成一块块的大冰块，放入地窖封存起来，这期间要避免空气进去，这样可以把冰保存到炎热的夏天。这种方法一直沿袭不变，清代的紫禁城内就曾设冰窖5座，藏冰近3万块。

清代宫内储存冰块的器具被称为"冰桶""洋桶"，也就是我们所说的冰箱。多用红木、花梨木、柏木为内胎，也有用金属胎的。形制呈斗状，口大底小。盖多采用很厚的木板，两腰部都有铜环，方便搬运。有4条腿足，足下还装有托，用来防止潮湿。这种宫廷"冰箱"比起现在的冰箱太过简单，但是构造合理、实用。当时的"冰箱"主要有两个用途：一个是用来冰镇饮料和时鲜水果，因为箱体内采用铅或锡为里，能起到较好的隔热作用，而箱底有小孔，可以排放融化的冰水。冰桶的另一个用途是降低室内的温度。箱盖上设有透气孔，因此排出的冷气还能起到"空调"的功效。

图 | 红木京作缠枝莲纹地镜·清乾隆

# 第四节　杂项类

## 面盆架

面盆架是专门用来放置脸盆的架具，有三足、四足、五足和六足等不同形制。有高低之分，高盆架多为六腿、整体结构。最里面的两足加高成为巾架，中部有雕刻花纹的中牌子，最端的横枨用来搭挂洗面巾，两端出挑，多圆雕云头或凤首纹。

矮盆架的盆面呈圆形、方形、多边形等形状，腿足有直式、弯式两类，直腿足端多雕刻净瓶头、莲花头、坐狮等纹样，弯腿多是三弯腿。结构上有整体和折叠两种。

图 | 黄花梨六足折叠式矮盆架·明

图 | 黄花梨高盆架·明

# 衣架

　　衣架是古时专门用来搭衣服的架具。明清衣架，继承古制，其基本造型大同小异。它是由横枨、立柱、中牌子、底座组成的，两根立柱和四根横枨组成基本框架，立柱下部足端和两块长方形墩子相接。立柱和坐墩相接处前后安站牙，坐墩挖有亮脚。两立柱间设中牌子，多由数块透雕精美的花板构成。最上端的横枨两端出挑，多圆雕出如意云头、龙首、凤头等各种形状的纹样。下面两根横枨和立柱相交处多设托角牙，起固定作用。

图 | 榉木衣架·清早期

古代衣架主要是用来搭衣服而非挂衣服。古人多穿长袍，衣服脱下后就搭在衣架的横梁上。受西洋文化的影响，清代晚期出现了专门悬挂西服的单柱式衣架。

## 灯架

灯架是古代用来放置蜡烛或油灯的照明用具。其形制有固定式、升降式和悬挂式 3 种。固定式一般用"十"字形或三角形的木墩做底盘，底盘上立有灯杆，四面用站牙将灯杆底部固定，杆头上的平台用以承托灯罩，盘下有托角牙辅助立柱支撑平台。

图 | 红木灯架

升降式灯架底座多为座屏式，灯杆下面有"丁"字形横木，两端出挑并置于底座立柱内侧的直槽中，灯杆可以沿着直槽上下滑动，并有木楔可以固定灯杆。还有一种形体结构更为精巧，如将灯柱插于可升降的"冉"字形座架中间，通过机械作用来调节灯台的高度，使光照适合不同需要，既美观又实用。

　　悬挂式灯架下面也设有底座，上面竖有挑杆，挑杆上端安装金属拐角套，有吊环，可用于悬挂灯笼。

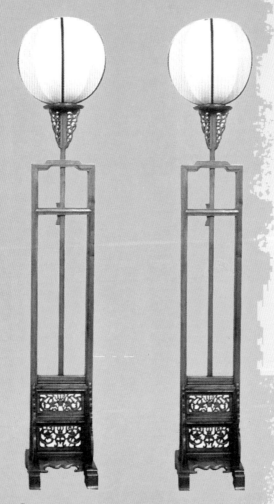

图 ┃ 红酸枝灯架（一对）

图 | 镜架

# 镜架

镜架是用来承托镜子的架子或台子，在古代通常与梳妆台合用，固定在梳妆台上。单独使用的镜架形制一般都较小，结构也比较简单。

镜架的出现应该始于魏晋南北朝，这一时期伴随着高型家具的使用，中原地区开始出现较高的镜架用于承托镜子。宋代、元代的墓葬中出土了不少关于台式镜架的文物或记载，如河南郑州宋墓壁画中就有镜台的造型。明清时期，镜架的制作更加精美，出现了木制的宝座式镜台和五屏式镜台等。明清木制镜架雕龙画凤，雕刻技艺精湛，显得极为雅致秀美。清代中后期，传统东方文化受到西洋文化的影响，出现了大型的回纹座插屏式穿衣镜架。这种大型镜架更显得气魄宏伟。

## 天平架

天平是古代用来称银两的小秤，是一种计量工具，主要在以白银为主要货币的时代使用。天平架可以很准确地称出小块碎银子，将天平挂于木架上，下面有台座抽屉，上置立柱并架横梁。随着白银货币退出历史舞台，这种天平架也就很少见了。

图 | 黄花梨天平架

## 火盆架

　　火盆架是用来放置炭火盆的木架。我国江南一带因冬天湿冷，厅堂内通常都设火盆架燃炭火，用以取暖，其形制分为高矮两种。高火盆架像方机凳，面板上开有一个圆洞用来坐入火盆。四根边抹中间都有一枚凸起的铜钉，用以支垫盆边，避免火盆和木架直接接触发生烧灼。矮火盆架只有尺许高，方框下有四足，足间安有直枨或牙条，形制简单。

## 明清时期家具的陈设

我国古人居住陈设的特点彰显了许多传统养生理念与思想，如寝室，乃心之安处，除了舒适之外，还体现出严格的礼制、强烈的精神追求和生活向往。家具的陈设也是一样，因风水，使用场所，主人的身份、性格、爱好，各不相同。

床是卧房最重要的家具之一。清人李渔对床有过一段精彩的描述："人生百年，所历之时，昼居其半，夜居其半，日间所处之地，或堂或庑，或舟或车，总无一定之在，而夜间所处，则只有一床。是床也者，乃我半生相共之物，较之结发糟糠，犹分先后者也，人之待物，其最厚者当莫过此。"明清时期，对于床除了选材考究外，还要求做工精雕细琢，形制清雅别致。如架子床就是其中一典型。四面搭架子，用四柱或六柱支起床盖，三面设围，结构完整，以藏风聚气。

明清的梳妆台多以名贵实木为主，雕龙画凤，镶嵌雕刻，如小方匣、宝座式镜台和五屏式镜台等。布置梳妆区，一般很讲究光线，不冲门，不对床头。例如，储秀宫西稍间就在南窗东南角安置着梳妆台。

屏风文化也是卧房文化之一。屏面上饰以各种绚丽精美的彩绘图案。古时，多将屏风置于床后及床两侧或室内的显著位置，以达到挡风、隔间、协调的效果，营造一种似隔非隔、似断非断的宁静空间。除了结构布局的惊喜外，目之所及的摆件也淋漓尽致地诠释着空间，也赋予了更多的诗意。

明清时期，对于卧房的设计则是赋予了一种至高无上的尊贵，有权势的象征和财富的体现。不管明清还是现代，基本上都遵循 60% 的地面放置家具（40% 的地面留白）、地屏天花板取干燥、不用彩画和油漆、卧榻朝南、花木无须多置等一系列原则，且十分注重合理的功能划分。最后，再以大气、典雅的基调去谱写一曲生活之歌。

# 第五章

# 明清家具的文人气质

　　每一件艺术品都有一定的文化内涵。作为家具史上的巅峰之作，明清家具自然堪称艺术品。它在实用的基础上加入了众多文化元素，增加观赏性的同时，也融入了那个时期文人的思想。文人对家具的影响，除了在各种著作和书画墨宝中体现外，还包括文人在家具制作中的参与以及绘于家具上的文人诗词等。

图 | 官帽椅

# 第一节　文人对明清家具的影响

　　每个时代的不同特征影响并造就了不同时代的文人思想，反之，文人思想又通过书画论著等表现出来，对社会经济文化的发展起到很大的推动作用。在我国古代家具的演变历史中，文人思想对其产生的影响不容忽视。

图 | 明清桌椅

## 文人的审美情趣对明清家具的影响

明代很多文人都有关于家具的论著，如曹明仲的《格古要论》、文震亨的《长物志》、高濂的《遵生八笺》、屠隆的《考盘余事》和《游具雅编》等。这些文人写的论著，并不像专业技术书籍那般着眼于研究家具的尺寸、形制及工艺，他们探讨的是家具的风格与审美，强调的是家具使用功能的合理与舒适，以及款式的多变和完美。

图 | 红木嵌瘿木面长书桌

图 | 黄花梨小方桌·清早期

　　我们现在看到的很多精美的具有艺术基调的明清家具，基本都有文人的参与。因为普通百姓纯生活所需，使用的家具不会那么好。在当时，一个讲究的人家做家具，通常会找当地最好的工匠来做，除技术之外，主人在造型与舒适性上都会有讲究，这样，文人的审美和需求就会慢慢渗透进来。

　　古朴与精丽，是明清文人在家具方面提倡的两个主要标准。

　　古朴是指追求大自然本身的朴素无华之美。如《长物志》论及方桌时说："须取极方大古朴，列坐可十数人，以供展玩书画。"在论及榻时又说："古人制几榻，虽长短广狭不齐，置之斋室，必古雅可爱……今人制作，徒取雕绘文饰，以悦俗眼，而古制荡然，令人慨叹实深。"

在用材方面，普遍提倡木材纹理的自然美。如《格古要论》说："紫檀，性坚，有蟹爪纹……""花梨木……亦有花纹，成山水人物鸟兽者……"《博物要览》中也有："香楠木，微紫而清香纹美，金丝者出山涧中，木纹有金丝，向明视之，白烁可爱，楠木之至美者，向阳或

图｜黄花梨夹头榫酒桌·明

图 | 金丝楠如意纹夹肩榫大翘头案·明

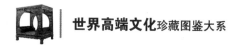

结成人物山水之纹。"从以上引文可以看出，当时的家具在审美方面坚持的是"古朴""古雅""古制"等，这是文人追求古人典雅风范的典型表现。

现存的明式家具珍品中，不论桌案椅凳，还是箱橱床榻，都突出地表现为造型简练，不为装饰而装饰，充分体现了木材本身自然美的质朴特点。这些特点的形成，与文人提倡的"古朴"审美观有着直接的关系。也可以说，明式家具的简练质朴风格是浸润着明代文人的审美情趣的。

图 | 黄花梨方角柜·明末清初

　　精丽通常是指家具做工的精良和体态的秀丽，这一点在文人论著中也处处可见。《长物志》说："屏风之制最古，以大理石镶下座，精细者为贵。""床，以宋元断纹小漆床为第一，次则内府所制独眠床，又次则小木出高手匠作者亦可用……还有以柏木琢细如竹者，甚精，宜闺阁及小斋中。""宫中有绣墩，形如小鼓，四角垂流苏者，亦精雅可用。"这些关于"精丽"与"精雅"的要求，我们从明式家具挺拔的线条与秀丽的体态，以及严密的卯榫结构中，都能明显看到。因为清式家具是明式家具的承袭，故而保留了明式家具的基本标准。只是在形成自己特点的过程中，融合了当时社会的习俗与高层的喜好。这"精丽"之中，包含了当时工匠的精湛技艺与文人审美情趣。

图 | 屏风

# 文人的所好对明清家具的影响

很多文人论著告诉我们，文人的所好与所用，在明清家具的品种与形制的发展中起到了一定的推动作用。这些文人出于其特殊爱好与特殊的功能要求，设计并倡导了众多新巧家具，从而丰富了家具的品种和形制。

"以置尊彝之属"的台几。（《长物志》）

"书室中香几。"（《遵生八笺》）

"列炉焚香置瓶插花以供清赏"的叠桌。（《游具雅编》）

《长物志》在论及橱时说："藏书橱须可容万卷，愈阔愈古。""小橱……以置古铜、玉、小器为宜。"而对于床榻的使用要求，《长物志》中说："坐卧依凭，无不便适，燕衔之暇，以之展经史，阅书画，陈鼎彝，罗肴核，施枕，何施不可。"

图｜黄花梨炕几

　　《遵生八笺》里提到的用藤竹所编的"欹床"，强调不要用太重的板材，要适于童子抬，床上置靠背，"如醉卧偃仰观书并花下卧赏"，这是何等的消闲安逸，一副十足的雅士气派。

**图** | 黄花梨四簇云纹围子架子床

**图** | 黄花梨拔步床

　　《考盘余事》里讲到的用木材和湘竹两种材质制作的榻，"置于高斋，可作午睡，梦寐中如在潇湘洞庭之野"。《遵生八笺》中的"二宜床"就更不一般了，书中记载："四时插花，人做花伴，清芬满床，卧之神爽意快，冬夏两可。"

　　另外，还有一些文人或自己设计或对已有设计进行描述与建议，如曹昭在《格古要论》中写道："琴桌须用维摩样，高二尺八寸，可容三琴，长过琴一尺许。桌面郭公砖最佳，玛瑙石、南阳石、永石者尤佳。如用木桌，须用坚木，厚一寸许则好，再三加灰漆，以黑光为妙。"

　　更有抚琴高手设计了符合共鸣音响原理的琴台与琴桌。《长物志》说："以河南郑州所造古郭公砖，上有方胜（纹）及象眼花者以做琴台，取中空发响……坐用胡床，两手更便运动……"《格古要论》说："琴桌，桌面用郭公砖最佳……尝见郭公砖，灰白色，中空，面上有象眼花纹……此砖架琴抚之，有清声泠泠可爱。"

　　以上可见，当时的文人雅士，出于古董珍玩之所好和琴棋书画之所用，对家具的品种、形制、用材及功用等都做了深入研究。所以，明式家具的文人气质当是名之有据了。

图｜灵芝琴桌

## 《格古要论》

《格古要论》是中国现存最早的文物鉴定专著，作者是明朝的曹昭。全书共三卷十三论，上卷为古铜器、古画、古墨迹、古碑法帖四论；中卷为古琴、古砚、珍奇（包括玉器、玛瑙、珍珠、犀角、象牙等）、金铁四论；下卷为古窑器、古漆器、锦绮、异木、异石五论。

此书在明景泰七年至天顺三年间（1456—1459年），由王佐增补了金石遗文、古人擅书画者、文房论、诰敕题跋和杂考等，章次也有所变更，易名《新增格古要论》，共十三卷。虽然增加了很多，但在内容上除墨迹碑帖部分有所论述之外，其他多为杂抄，远不如曹昭原著的见识。

曹昭，字明仲，江苏松江（今属上海）人，生卒年不详。家学渊源，幼年随父鉴赏古物，悉心钻研，著有《格古要论》三卷。

王佐，字功载，号竹斋，江西吉水人。

## 《燕几图》与《蝶几图》

《燕几图》可以说是中国家具史上第一部组合家具的设计图，作者是南宋的黄伯思。《燕几图》是按一定比例，制成大、中、小三种可以组合的桌具。原理是：以一尺七寸五分的正方形为基本，形成三种长方形的桌面。大桌面为七尺，共两张；中桌面为五尺二寸五分，共两张；小桌面为三尺五寸，共三张。

以上大、中、小三种桌面组合起来可变化为二十五种形式，其中有：大小长方形桌、凹字形桌、T形桌、门字形桌等，其摆放方法有规律，有法则，类似今日的组合家具。

《蝶几图》也是一部组合家具的设计图，它的原理是以斜角形为基本，有长斜两只，右半斜两只，左半斜两只，闺一只，小三斜四只，大三斜两只，六种斜形桌面共十三只。可组合成八大类（方类、直类、曲类、楞类、空类、象类、全屋排类、杂类）一百三十多种形式。作者为明代万历时期的戈汕。

《燕几图》成书于南宋绍熙甲寅年（1194年），而《蝶几图》成书于明万历丁巳年（1617年），两书相距四百余年，但两位作者的设计意图是一致的。细考《蝶几图》的某些命名，与《燕几图》都是相同的，如"斗帐""屏山""石床""双鱼"等。可见戈氏受黄氏启发，并发展了黄氏的设计构思，确是无疑的。南宋的黄氏是以正方形为基本形制来组合的家具群，而四百余年后的戈氏，进而创造出以斜角形为基本形制的组合家具。构思更为新颖，变化更为多样，形式也更为丰富多彩。

《燕几图》与《蝶几图》，可谓家具史上的姊妹篇，对后世影响极大。

图 | 大叶黄花梨多宝槅

# 第二节　明清家具的文化意识

明清时期的家具已发展到历史高峰，是那个时代文化与思想的一种载体。它所取得的巨大成就，是将精神文化思想蕴含于物质中，并使之升华，这是中国文人意识产生的伟大艺术。一位西方研究者曾感叹，"中国家具此一伟大艺术""依现代美学观点，它们极致的艺术性、手工、设计、造型……至今仍深深震撼着人心"。这正是明清时期给全人类留下的最珍贵的遗产和财富之一。

图 | 红木四屉小书桌·清

图 | 黄花梨炕桌·明

明清家具体现出的文化内涵，首先表现为其形体所传达出的一种优秀的传统思想与审美观念。我国古代有"丹漆不文，白玉不雕，宝珠不饰，何也？质有余者，不受饰也"的艺术传统，由此我们可以看出，明代产生的家具，继承和发扬了这种传统。造型的质朴精练、简明生动，不事雕饰以及强调天然材质美的格调，都体现了我们民族杰出的文化内涵。这也正是江南文人一直津津乐道的"以醇古风雅"生活的意识情怀和追求。

在江南文人眼里，生活的格调与行为方式，包括室内的摆设布置以及器物用具，皆是人生的一种价值取向，是他们学养、品性、志趣和审美的意识体现，是人格外化的标志。因此，陪伴自己日常起居生活不可缺少的家具，也必求简约、单纯、典雅，努力去表现种种脱俗超凡的形体和式样，甚至对每一件几、榻或桌、椅都要做到尽量合乎文人生活目标的最高境界，从而取得尽善尽美的造型效果。

图 | 黄花梨条桌

图 | 独板扶手椅

明代中叶以后，江南一带尤其是苏州地区，城市内外及周边大小城镇，大量兴建山水园林。"天堂"般的生活环境，进一步陶冶了江南文人的才情与志趣，使他们对物质生活中的文化追求更富有使命感。

　　"明四家"之一文徵明的弟子周公瑕，曾在他使用的一把紫檀木扶手椅靠背上刻了一首五言绝句："无事此静坐，一日如两日。若活七十年，便是百四十。"这件没有棱角、造型温文尔雅的扶手椅，在江南被称为"文椅"，是当时文人们最喜爱的椅子样式之一，今天看来仍名实相符。无独有偶，南京博物馆珍藏着一件由苏州雷氏捐赠的制作于万历年间的老花梨书桌，在其一腿足上也刻有"材美而坚，工朴而妍，假尔为冯（凭），逸我百年"的诗句，充分展现了文人家具被安置在"几净窗明"环境中的优雅和风韵。闲情逸致的文人生活，让他们深居静养，不浮躁，无火气。故明式家具的艺术风格处处迎合着他们的性情，造型的"方正古朴"或"古雅精丽"，便形成了独树一帜的形体式样。

图 | 铁力木宝座

明式家具不仅通过精致、匀称、大方、舒展的物质形象展现出造型的艺术魅力，而且在传达一种合乎自然"至质"的和谐中，给人们一种超然沁心、古朴雅致的审美享受，甚至给文人们带来了一种脱俗和生机。由此我们可以领悟到，明式家具的这种"古"和"雅"的艺术风格和人文色彩，是在文人倡导的所谓"古制"和"清雅"的文化传统中孕育产生的一种新的时代精神；从美学的意义上讲，是文人对历史传统的审美总结，是对优秀民族文化的弘扬光大。

图 | 红木雕云纹方桌

## ❧ 清式家具的特点

　　清式家具最大的特点是用材厚重、奢靡挥霍，故而其装饰极为华丽，制作手法汇集了雕刻、镶嵌、髹漆、彩绘、堆漆等多种手工技艺。尤其是镶嵌手法在清式家具上得到了极大的发展，所用材质千奇百怪，除了常见的象牙、瘿木、螺钿外，还有金银、玉石、兽骨、百宝等，所表现的内容，大多为繁复的吉祥图案与文字，力求新奇。

图 | 交机

# 第三节　文人诗画墨宝与明清家具的结合

## 明清家具上的墨宝

　　明代以前的家具，基本上只是生活用具（商周时作为等级象征的礼器、祭器除外），而到了明代，家具在具有使用价值的同时，也增强了其观赏价值。这种情况不仅体现在明式家具本身的造型、线条、用材、装饰等浑然一体的质朴典雅之美中，

还有文人将书画艺术嵌入家具之中的一份功绩。在当时，刻有当代文化名人墨宝的家具，堪称家具珍宝。将文人的书画与家具结合，不仅增强了家具的观赏水平，而且提高了其艺术价值。

图丨灯挂椅

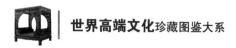

　　由于历史及技术水平限制等种种原因，现在留存下来的刻绘了墨宝的明清家具实物比较少见，但从文献资料及私人收藏中仍可查到一些踪迹。在《清仪阁杂咏》中记载了两件家具，其一是"天籁阁书案"，乃是项元汴的家藏，上项氏两方印。原文是："天籁阁书案，高二尺二寸三分，纵一尺九寸，横两尺八寸六分，文木为心，梨木为边，右二印曰项，曰墨林山人；左一印曰项元汴字子京。"项元汴是明代的书画家、收藏家，精于鉴赏。其所藏法书名画极一时之盛，曾著有《蕉窗九录》，刊有《天籁阁帖》。

图 | 红木书桌（一对）

图 | 红木下卷琴桌

《清仪阁杂咏》中记载的另一件，就是前文中提及的周公瑕的椅子。

在现存的珍品中，还有祝枝山、文徵明两位名家书写诗文于椅背上的两把官帽椅。一把在条板上镌有王羲之《兰亭集序》的一段文字，从"是日也，天朗气清，惠风和畅"直到"暂得于己，快然自足"约百字。落款是"丙戌十月望日书，枝山樵人祝允明"。下钤两方印：一曰祝允明印，一曰希哲。另一把椅子有书画家文徵明在椅背上题文刻字："门无剥啄，松影参差，禽声上下，煮苦茗啜之，弄笔窗间，随大小作数十字，展所藏法帖笔迹画卷纵观之。"落款为"徵明"，下用两方印：一曰文徵明印，一曰衡山。

# 墨宝中的明清家具

### 唐寅墨宝中的家具设计

唐寅，字伯虎、子畏，号六如居士、桃花庵主、逃禅仙吏等，苏州府吴中人。他才华横溢，诗文擅名，画名更著，是著名的江南四大才子之一。

唐寅临摹五代顾闳中的《韩熙载夜宴图》时，在其中增设了许多具有明代特色的家具，在展示出他杰出的才能的同时，也将韩府夜宴的豪华和奢侈展现得淋漓尽致。在"清吹"的画面中，唐寅增绘了一个大的山水折屏，屏风左侧增绘一张方桌，右侧增绘一个插屏，从而使画中的生活意味更浓；在"听乐"的画面中，通过更改条案的枨子，使其具有明式家具的显著特征；在"观舞"的画面中，在韩熙载身后增绘了一条案和插屏，在长案后面增绘了长桌；在"休息"的画面中，增绘了折屏、插屏和月牙凳。

图 | 唐寅临《韩熙载夜宴图》·明

| 仇英《汉宫春晓图》·明

另外，唐寅还创作了《琴棋书画人物屏》4幅画，分别以琴、棋、书、画为主题。他在画中描绘了画案、坐墩、香几、榻、靠背椅、屏风、斑竹椅等30余件家具，展现出了明代文人书斋雅事、居室家具的陈设等情况。

## 仇英画作中的家具设计

明代才子仇英，字实父，号十洲，江苏太仓人，后移居（今江苏苏州）。漆工出身，后又作为民间画工，擅画仕女，既长设色，又擅水墨、白描，能运用多种笔法表现不同对象，或圆转流畅，或劲利艳爽。偶作花鸟，亦明丽有致。与沈周、文徵明、唐寅并称为"明四家"。

仇英临摹的宋代张择端《清明上河图》，在展现了汴京繁荣景象的同时，也将明代社会生活的特色与人文地貌融入其中。如减少了原作中酒肆、饭馆中的方桌、长凳，在一些商业店铺中增绘了许多长柜台，而且还增绘了带托泥的方桌和长桌。

图 | 仇英《人物故事图》中的家具·明

图1 《雍亲王题书堂深居图屏·持表》

仇英另一代表作人物仕女画《汉宫春晓图》，描绘的虽然是汉代宫廷中嫔妃的日常生活场景，但画中的家具却没有汉代低矮型家具的特色。其中画了很多唐宋及明代的家具，包括月牙凳、束腰棋桌、高型条桌等。

### 清代绘画中的家具

清代很多版画和小说插图都有关于当时家具的描绘，这些绘画不仅细致地描绘了清代家具的特点，而且还包括其使用及陈设情况。

清代的宫廷绘画中对家具的描绘更加逼真，其中的家具结构准确、比例合理。如绘制于清初，描绘清宫女子日常生活的《雍亲王题书堂深居图屏·持表》，就是反映清代家具样式、装饰风格及陈设的代表之作。

### 《长物志》

《长物志》为明朝文震亨所著，成书于1621年，共12卷，收入《四库全书》。直接有关园艺的有室庐、花木、水石、禽鱼、蔬果五志，另外七志书画、几榻、器具、衣饰、舟车、位置、香茗亦与园林有间接的关系。作者取"长物"一词，意指多余之物，实际上书中所指又并非多余之物，而是生活中的必需品，不过这些物品非一般的物品，而是投射和沉积了文人的选择和品格意志之物。

文震亨（1585—1645），字启美，江苏苏州人。他是明代大书画家文徵明的曾孙，天启年间选为贡生，任中书舍人，书画咸有家风。平时游园、咏园、画园，也在居家自造园林。

# 第六章

# 明清家具的鉴定与收藏

明清家具是我国古典家具中的一颗璀璨明珠，其特有的艺术魅力、实用价值以及历史价值让无数收藏爱好者为之倾心。明式家具清新优雅，简洁大方；清式家具富丽堂皇，雍容华贵。两者各具特点，各有其研究价值。因此收藏明清家具，不仅要掌握一定的鉴定方法，也要懂得一些基本的日常保养常识。

图 | 紫檀《大吉图》插屏

# 第一节　明清家具的鉴定要点

## 纹饰鉴定

在古器物的鉴定中，一条重要的标准就是据其装饰风格和纹饰来判断年代，家具亦不例外。明清家具在装饰手法及纹饰上存在着明显的时代差别。大体来讲，明式家具的主要特征表现为精致但不淫巧、质朴而不粗俗、厚实却不沉滞，它的这些美学个性和艺术形式也鲜明地体现在纹饰图案上。

图 | 黄花梨六柱架子龙床·清

　　明式家具的纹饰题材中多以松、竹、梅、兰、石榴、灵芝、莲花等
植物题材以及山石、流水、村居、楼阁等风景题材为主，附属纹饰也大
量采用带有吉祥寓意的主题，如方胜、盘长、万字、如意、云头、龟背、
曲尺、连环等，这一点与清代家具相对照，明式家具纹饰题材寓意大都
比较雅逸，颇有"明月清泉""阳春白雪"之类的文儒高士之意趣，更增
加了明式家具的高雅气质。

图 | 植物纹

　　清式家具擅长雕绘满眼的绚烂华丽，其纹饰图案也相应地体现着这种美学风格。清式家具在表现手法上可谓锦上添花。与明式家具重视材质之美相比，清代工匠更侧重于人为的工巧之美，不太重视材料的自然肌理，因而清代家具很少见到那种大片作素、不事雕饰的情况。清代家具在明代家具的基础上进一步发展、拓宽了纹饰图案题材，其中植物、动物、风景、人物无所不有。吉祥图案在这一时期亦非常流行，但此时的流行图案通常都贴近老百姓对生活美好的期望，与明式家具的清雅意趣相比，显得有些世俗化。

图 | 剔红牡丹纹小盒·明永乐

图 | 红木点翠挂屏·清中期

晚清的家具纹饰逐渐演变成把各类物品的名称拼凑在一起，组成吉祥语，如"鹿鹤同春""年年有余""凤穿牡丹""花开富贵""指日高升""早生贵子""吉庆有余"等；宫廷家具多用"群云捧日""双龙戏珠""洪福齐天""五福捧寿""龙凤呈祥"等。

回纹也是我国古代常见的装饰纹样，而在家具上使用回纹，是从清代以后开始的，特别是乾隆时期，这一时期的家具，多在桌案椅凳的腿足端雕饰回纹马蹄图案。总之，题材丰富多彩是清代家具纹饰图案特点之一。清雍正以后，一段时期盛行模仿西洋纹样，特别是广东地区，出现了中西结合式家具。

图 I 紫檀框漆嵌百宝《太平有象图》大吉挂屏（一对）

图 | 榆木束腰回纹马蹄腿禅椅

值得注意的是，有些题材虽然明清两个时期都被采用，但在图案内容上存在着差别。如龙纹在明清家具上的应用非常广泛，明代以雕刻螭虎龙（又称拐子龙或草龙）为主，清代则常见夔龙纹。麒麟作为一种瑞兽，也是我国古代常用的装饰题材。明中期，麒麟的姿势一定是卧姿，即前后两脚跪卧在地，而明晚期至清早期，麒麟就变成了坐姿，前腿不再跪而是伸直，后腿仍与明中期相同。进入清康熙以后，麒麟就站起来了，虎视眈眈。

　　因为明清家具在纹饰方面或沿袭传统，或刻意仿造，准确断代会比较困难。因此，我们可选择参照物对比断代。在参照对比时，一般采用题材相同或接近的，这样才比较容易判断年代，结果也较准确。参照物可以是玉器、瓷器、剔红漆器等工艺品上的花纹，尤其是明清建筑物上的装饰纹样，往往与家具装饰花纹在材质、内容和形式上有很多的相通之处。

图｜紫檀螭龙纹扶手椅带高几

图 | 黄花梨人物花鸟神龛·清

## 用材鉴定

　　明清家具的用材有着鲜明的时代特点，因此鉴定家具年代的另一个基础要点就是用材。紫檀、黄花梨、鸡翅木和铁力木家具多为明和清前期的，清中期以后，因为这4种硬木逐渐稀缺，所以以红木、新黄花梨取而代之。所以，传世的明清家具中，凡是用前述4种木材制作，又没有改制痕迹的，大多是传世已久的明式家具原件。而在传世硬木家具中，凡是用红木、新花梨和新鸡翅木制作的家具，多为清代中期以后直至晚清、民国时期所制。若有用红木、新花梨或新鸡翅木制作的明式家具，则大多是近代的仿制品。

图 | 紫檀高束腰三弯腿大供桌·清雍正

　　除了主要用材可以作为判断依据外，附属用材的使用在一定程度上也能反映出制作年代。古典家具上镶嵌的大理石、岩山石等，虽外形相似，但大理石的开采使用，远早于岩山石和矿石。一般白铜饰件的使用也早于黄铜饰件。再如珐琅饰件，是在清代才用于家具装饰上的。这些都可以作为辨别的依据。

图｜紫檀嵌掐丝珐琅《博古图》插屏

图 | 黄花梨交杌（一对）

　　家具品种方面，有的早期品种或式样在后期不再流行，有的品种或式样在后期才出现，不可能出现在更早的时期。家具的造型、构件、饰纹都具有其时代特征，都是判定家具制作年代的重要依据。当然，最科学的鉴定和识别方法是对照法，即对照已知年代的真品来辨别真伪，但缺少真品参照物是这种方法的难点。总之，积累明清家具各方面的知识，对鉴定明清家具是极其重要的。

## 品种鉴定

　　明清家具的很多品种，都与其年代有着密切关系。有些出现较早的家具品种，随着社会经济发展或实用性的演变，在清代以后就不再流行了。

如在明代流行的圈椅，进入清代以后便逐渐少见了，而后期的花篮椅、折叠椅则是清代才出现的家具品种。多宝槅是清代乾隆时期才开始流行的家具式样，安装玻璃柜门的陈设柜，则是在清代晚期出现的。

茶几也是清代才出现的家具，在传世的大量实物中，未见有年代较早的，一般都是用红木、新花梨木制作的。

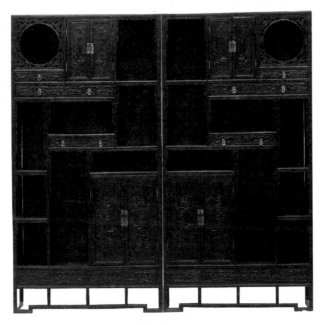

图 | 紫檀博古纹多宝槅（一对）·清中期

## 造型鉴定

古典家具的造型也是判断其年代的重要依据。家具的造型随着时间的推移、年代的不同而逐渐有所变化，因此，大多数明清家具的年代都可以从其造型的变化上来判断。

明式罗汉床一般都是独板围子，有束腰，马蹄足；清式罗汉床则是五屏风或七屏风，马蹄足呈正方形或长方形，正面牙条多浮雕五宝珠或洼堂肚。

图 | 红木嵌螺钿云石铜丝罗汉床

明式的坐墩式样简单，形制胖矮。清式坐墩式样丰富，形制通常瘦高，有圆鼓形、海棠形、多角形、梅花形、瓜棱形等多种形式。还有一种四足呈如意柄状的清式坐墩，形体兼有矮胖、瘦高两种。

明式架格的隔板一般只是通长一块，清式架格的隔板则多是立墙分隔。

图 | 紫檀开光镂雕花卉鼓凳·清

明代架子床的床围子通常采用直棂攒成格子花；清代架子床则比明代的形体宽大，用料粗壮，床围子通常采用栏框式做法。

明代扶手椅的扶手基本都是用联帮棍结构；清式扶手椅的扶手和椅背多做成三屏风式，中部高，两侧依次递减。

明式官帽椅的椅背向后微倾，背板多呈曲线形，腿部一般有步步高式管脚枨；清式官帽椅的椅背是平直的，腿部多采用四面平管脚枨。

图 | 红木鹿角椅·清

## 明清家具常见的作伪手法

　　文物的作伪早已成为每个收藏爱好者与研究者无法回避的问题，明清家具市场也一样。随着明清家具收藏的升温和价格的不断提高，致使目前市场上充斥着大量的赝品，很多作伪手法非常高明，几乎可以达到以假乱真的地步。一些唯利是图的投机分子，甚至不惜破坏珍贵的明清家具原物，只为牟取高额利润。为了帮助收藏爱好者更好地鉴别明清家具，本书整理编辑出一些常见的作伪手法，以供参考。

**图** | 楠木高束腰回纹马蹄腿霸王枨炕桌·清

图 | 紫檀小画案·清

## 假冒良木

利用硬木家具的材种不易分辨的特点，以较差木材制作的家具，冒充较好木材制作的家具。如以白木制成家具，进行染色打蜡，混充红木家具，使人难辨真伪。另外，我国明清家具的制作材料，如紫檀木、黄花梨木、铁力木、乌木、鸡翅木、红木等，虽在色泽、纹理等一些方面有其特有的物理性质，但因其生长地的不同、生长年代的差异以及开料切割时下锯的角度变化等，都会出现与书本上的标准木样图相悖的现象，在自然色泽和纹理上极易混淆，以至于让钻营者有可乘之机。例如铁力木原有的自然色泽和纹理就略似鸡翅木，如遇上述种种特殊情况，就更易冒充了。

图 | 黄花梨提盒·明末清初

　　此外，即使自然色泽与高档木材不一致，投机商也会恣意改变本色，冒充高档家具。因为不同时期流行的时尚不同，在清中期至20世纪30年代，因受宫廷权贵及封建文人雅士喜好的影响，硬木家具贵黑不贵黄，所以作假的木材大多刷成黑色，以冒充紫檀。20世纪30年代开始，人们开始崇尚自然，对家具的喜好也偏向其自然色泽和纹理，于是，具有漂亮木纹的黄花梨木身价骤增且被大量冒充。

　　再有，现在的家具商通常会往白木家具的表面贴一层极薄的红木皮，伪装成红木家具；在包镶家具的拼缝处上色和填嵌，进行修饰，以假乱真。此外，还有利用老房子中的建筑木料或残损的古家具部件来制作仿古家具，当作古家具出售的情况。

图｜黄花梨卍字纹亮格柜

### 拼凑改制

现存很多明清家具因保存不善，致使构件残缺严重，极难按原样修复。于是就有人移花接木，将不是同类品种的残余部分拼凑到一起，组成一件难以归属也没有多大实用价值和收藏价值的家具。但因其少见，往往极易使人上当受骗。目前常见的拼凑改制手法如下：

1. 架子床改罗汉床

因为架子床的床围以上构件较多，可以拆卸，在传世过程中极易散失不全。如缺失了立柱的架子床，投机商人通常会给床座配上床围子，仿制成罗汉床出售。

图 | 曲尺罗汉床

 | 黄花梨直足罗锅枨劈料长方凳·清早期

2.调包计

将软屉改为硬屉。软屉是椅、凳、床、塌等类传世硬木家具的一种由木、藤、棕、丝线等组合而成的弹性结构体，多施于椅凳面、床塌面及靠边处，明式家具较为多见。与硬屉相比，软屉具有舒适柔软的优点，但在久远的传世过程中，极易损坏。目前存世的明清家具，有软屉者十之八九已损毁。因为近几十年来制作软屉的匠师（细藤工）越来越少，所以，明清珍贵家具上的软屉很多被改成硬屉。硬屉，原是广式家具和徽式家具的传统做法，有较好的工艺基础。如果利用明式家具的软屉框架，选用与原器材相同的木料，以精工改制成硬屉，很容易令人上当受骗，足可以将修复之器误认为是结构完整、保存良好的原物。

3. 常见品改罕见品

投机者通常会利用收藏者"物以稀为贵"的心理,把明清家具中的常见品改成罕见品。之所以要将常见古代家具品种改制成罕见品种,是因为"罕见"是古代家具价值的重要体现。如把传世较多且不太值钱的半桌、大方桌、小方桌改制成罕见的抽屉桌、条案、围棋桌,可牟取高额利润。

实际上,投机者对古代家具的改制,因器而异,手法多样,如果不进行细致研究,一般很难查明。

4. 化整为零

把一件完整的古典家具拆散,依构件原样仿制,把新旧部件混装成各含部分旧构件的两件或多件家具。最常见的实例是把一把椅子改成一对椅子,甚至拼凑出4件,诡称都是旧物修复。这种作伪手法最为恶劣,不仅有极大的欺骗性,也严重地破坏了其收藏价值。我们在鉴定中如发现有半数以上构件是后配,就应考虑其是否属于这种情况。

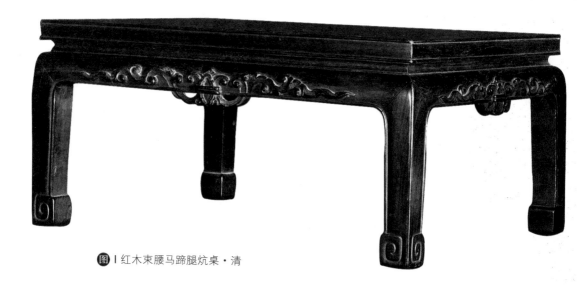

图 | 红木束腰马蹄腿炕桌·清

图 | 紫檀嵌玉婴戏砚屏·清乾隆

### 5.改高为低

把高型家具改为低型家具，以适应现代生活的起居方式。进入现代社会后，沙发型椅凳、床榻大量进入寻常百姓家。为了迎合现在流行的需要，投机者将许多传世的椅子和桌案改矮，以便在椅子上放软垫、沙发前放沙发桌等。不少人不明就里，往往在购入经改制的低型古代家具时，还误以为是古人流传给今人的"天成之器"呢。

### 6.更改装饰

为了提高家具的身价，投机者有时还会任意更改家具的原有结构和装饰，把一些清代传世家具上的装饰故意除去，来冒充年代较早的明式家具。这种作伪，同样也是一种破坏行为。

图 | 红木琴桌

### 7.贴皮子

在普通木材制成的家具表面"贴皮子"
（包镶家具），将其伪装成硬木家具，高
价出售。包镶家具的拼缝处，往往用上色
和填嵌来修饰，做工精细者，外观几乎能
以假乱真。需要说明的是，有些家具出于功
能需要（如琴桌，为了获得良好的共鸣效果，
需采用非硬木做框架），或是其他原因，不
得不采用包镶法以求统一，这些不属于作伪
之列。

8. 做旧

在新的仿明清家具上伪造使用痕迹，使其具有古家具的风貌，并不是造假，制作赝品。主要是在家具表面上做一些处理，一般包括基材及颜色和层次等的处理，至于做旧方法则五花八门，几乎可以假乱真，很难分辨。

图 | 黄花梨罗锅枨半桌

图 | 黑漆描金束腰罗汉床·清早期

9. 伪作包浆

古典家具在传世过程中留下来的正常使用痕迹和木质经时间沉淀发生的变化，叫作包浆。自然形成的包浆，温润光滑，手感柔和。而伪作的包浆，会有不自然之状，手感较为腻涩，甚至有粘黏感，有些包浆甚至会出现在不经常抚摸的地方。

## 明清家具价值的确定

长期以来，关于收藏流传着一种片面观点，认为年代越早，价值就一定越高，其实并不尽然。就如明清家具，清前期制作的家具，与明代家具在造型风格、结构、做工及用材等各方面相当一致，具有很高的艺术价值。就目前的鉴定水平，要想在无确切年款下，分清哪些是明代的，哪些是清代前期的，尚难做到，所以，国内的一些家具研究权威，把明代与清代前期制作的家具统称为"明式家具"，在价值判定上，两者基本被一视同仁。对于明清家具的价值的确定，可以从其造型艺术、制作工艺、材种材质、修复质量及原件保存质量等几个方面进行判定。

图 | 黑漆嵌剔红龙纹及百宝桌屏·清早期

造型艺术的优劣

　　从某种角度说，家具艺术也是一种造型艺术。而家具造型艺术的优劣，是决定其价值的重要因素。目前在鉴定家、收藏家及学术界中，对评价明清家具的造型艺术，有了一套较一致的科学标准，而且这标准也为世人所接受。

图｜紫檀束腰龙纹六方桌·清中期

图 | 黄花梨束腰起牙条炕桌·清早期

王世襄先生可谓科学品评家具造型艺术的集大成者，他在《明式家具的"品"与"病"》一文（《明式家具研究》）中，巧妙地借用古人品评国画的尺子"品"与"病"，来评价明清家具，对家具的造型艺术标准做了高度概括，并把对家具造型的形容规范化、具体化，使其相互间的联系一目了然。王世襄先生提出的家具"十六品"是简练、淳朴、厚拙、凝重、雄伟、圆浑、沉穆、浓华、文绮、妍秀、劲挺、柔婉、空灵、玲珑、典雅、清新；"八病"是烦琐、赘复、臃肿、滞郁、纤巧、悖谬、失位、俚俗。

## 制作工艺水平

制作工艺的水平是衡量古代家具价值的又一把尺子。主要可从其结构的合理性、榫卯的精密程度、雕刻的功夫等方面去考察。我国的古家具向来以结构合理著称，但也有不少实例，依然有不合理的现象，即便是家具制作技艺达到顶峰时期的明清家具，也不例外。如一些家具的腿足、罗锅枨等部件的造型，没有顺应木性，极易在转折处断裂，此类家具在确定其价值时，就难免要打折扣了。

传世的明清家具大多采用优质木材，其榫卯的连接一般来说质量较高，但也不乏粗制滥造之例。鉴定的方法主要可从榫卯的牢固程度和密合程度来看。正常情况下，榫卯连接处紧固的一定比松动的要考究。此外，榫卯相交处的缝隙是否密合，不但能反映出制作时的操作水平，有时也

图 | 紫檀八角凳（一对）·清中期

图 | 红木炕几·清中期

能反映出制作前对木材的干燥处理是否草率。因为木材未经严格干燥处理就用于制作的，极易出现收缩、变形和豁裂等情况，从而使榫卯及其他各方面俱佳的家具大为逊色。

### 雕工的好坏

雕工的好坏也直接影响明清家具价值的高低。明清家具的雕刻通常包括透雕、平面实雕和立体雕 3 种。雕工的优劣，首先要看其形态是否逼真，立体感是否强烈，层次是否分明；再看雕孔是否光滑，有无锉痕，根脚是否干净，底子是否平整。在评价家具的雕饰时除考虑工艺的难易和操作的精准度外，关键要看其整体是否具有动人的质感和传神的韵味。

### 材种的材质

分辨家具材种的材质，对确定其价值也有一定参考作用。古代家具的用材珍贵度从优到劣排列是：紫檀、黄花梨、鸡翅木、楠木、红木、铁力木、花梨木、榉木等。如果构件都是用同一材种制作的古代家具，根据上述木材珍贵度的排列，确定它在用材方面的价值，还是比较容易的。但在大量的传世明清家具中，有的往往只是在表面施以美材，而在非表面如抽屉板、背板、穿带等，使用一些较次的材种；也有的把上等木材贴于一般木材制成的胎骨表面，即"贴皮子"；还有的家具干脆是用多种不同木材拼凑而成的。

图 | 紫檀《清明上河图》罗汉床

  对这些家具用材价值的确定，一要看它良材与次材在使用材积上的比例；二是看在家具的主要部位使用良材的情况。一件家具如果良材占50％以上，一般就可用此种良材的名称命名该家具，如红木桌子、榉木椅子等。不过，有时匠师为了利用良材的短料、小料、边料或零料，虽然整件家具上良材大于次材，但在主要部位，如家具的腿足、面子、边挺等处，却施以次材。如此家具的用材价值，就要大打折扣了。这一点万不可忽视。

  所谓材质，主要是指同一种树的木料，因所在部位不同，或因开料切割时下锯的角度变化，而在色泽、纹理上有着一定的优劣之别，如边材通常要逊于芯材；疤结、分枝处的木纹不如无疤木纹美观。

## 修复质量的高低

目前现存的明清家具中，完好无损的传世品并不多见，大量都是经过修复后的实物。因此，对明清家具修复质量的鉴定，是确定其价值的重要手段。明清家具修复的标准，应是"按原样修复"和"修旧如旧"。要达到上述修复标准，一定要采用传统的工艺、原有材种和传统辅助材料，再加上过硬的操作技术。

鉴定明清家具的修复质量，首先要看原结构与原部件的恢复情况。结构、风格、材种和做工与原物保持一致的，可视为高质量的修复。而那些在修复中以"焕然一新"和做工粗糙，依靠上色、嵌缝的，则属失

图｜红木瘿木面棋桌·清

败之例，会使原物价值受损严重。其次，要检查修复中是否采用了传统
辅助材料，如竹钉、竹销、硬木销、动物胶等是否被铁钉、化学黏合剂
等现代材料所取代。采用传统辅助材料，对保持明清家具易于修复的特
点以及保护传世家具，都具有重要意义。

**图** | 榉木束腰马蹄腿拐子纹扶手椅

原件保存质量

传世的明清家具中，除大量经过修复外，还有一部分是从未被修复过的，这部分未经修复的家具中有少量是完好无损之器，但大多数也有这样或那样的缺陷，如松动、散架、缺件、折断、豁裂、变形和腐朽等。所以判别未加修复家具的保存状况，也是判断其价值不可忽视的环节。

图 | 黑漆嵌百宝花鸟纹插屏·清

判定古代家具保存质量的原则，主要是看它的结构是否遭到破坏，破坏的程度如何；零部件是否丢损，丢损的数量多少。那些原结构未被破坏，构件基本完整，只是松动或是散架的，仍可算作保存完好，保有原物价值。但因缺件、折断、豁裂、变形和腐朽而必须更换构件的明清家具，就不能保全完整的原物价值。其价值高低，要看修复后主体结构的保存情况。

图 | 铁力木炕几·清早期

## 古旧家具的除尘清洗

因为木质古旧家具大多来自旧货市场或二手市场，经历复杂，故容易受到细菌和害虫的侵袭，所以一般情况下，新买回来的古旧家具，都需要进行除尘和清洗。对古旧家具进行必要的除尘、清洗，可以有效防止家具被损坏。

除尘：

新买来的古旧家具不能直接摆放于室内，而应该先放在室外进行除尘。首先要用细软的毛刷拂去灰尘，再用干软的棉布顺着木纹轻轻来回擦拭。对于家具缝隙及隐藏处的灰尘，因较难擦拭掉，就可以用吸尘器汲取。一定不能用鸡毛掸、湿布和毛巾。鸡毛会划伤家具表面；湿布会使灰尘形成颗粒，擦拭后会损害家具表面的包浆成色。

清洗：

用酒精擦拭，是清洗古旧家具常用的方法。酒精能软化家具表面的污垢，不损伤木质，且使用方便。而对于那种表面油污厚重、木质坚硬的古旧家具，单用酒精擦拭会清洗不干净。这时，需要在温水中加入适量清洁消毒剂，将百洁布、细软的钢丝棉蘸湿擦拭；也可用稍硬的棕刷擦洗。必要时还可用木片、竹片来剔除污垢。清洗完古旧家具后，要将家具晾晒在无风、阴凉、干燥的地方，然后仔细检查家具的结构是否开榫、松动，若有就要及时修理。

# 第二节 明清家具的收藏要点

## 最具升值潜力的明清家具

近几年，古家具收藏领域，明清家具依然是精华。其中最具升值潜力的大体有3类：第一类是明代和清早期在文人参与下制作的明式家具，多为黄花梨材质；第二类是在康熙、雍正、乾隆三代皇帝亲自监督下并经宫廷艺术家指导、由清宫造办处制作的宫廷家具，多为紫檀木所造；第三类是明清红木家具，这类家具较好地体现了明清古典家具的遗韵。

🔲 | 御制五屏式黄地填漆云龙纹宝座·清康熙

存世品中这 3 类家具数量极为有限，目前市场上总共不超过 1 万件。虽说现在这些家具的价格已经很高，但从投资角度看，这 3 类保存良好的珍品家具仍有很大升值空间。

## 收藏的一些常识

### 关于估价

明清家具的估价技巧，首先要看行市，货比货，做到知己知彼。市场需求决定产品价格，我们只需把当时市场上（主要是古玩市场、拍卖会）某类藏品的价格进行综合，得出的平均数大体就是这类藏品的行市。另外用料优和做工好的藏品，自然也就贵些。

图 | 黄花梨折叠式镜台·清早期

**图** | 紫檀雕西洋花八仙桌扶手椅三件套

　　如果要收藏，还需要了解这类家具在市场上通常卖多少钱，也就是所说的"货比三家不上当"。价格有时候是比出来的，不能说这件家具铁定值多少钱。商家做生意通常"看人下菜碟"，所以说，不要离行市太远。当然，如果遇到特别喜爱的或者收藏者相信自己的眼力要高于卖者，能看出其更深层的价值，那就不妨勇敢一点，以超过行市的价格买下它。有很多时候收藏者都不得不用超出行市的价格，才能买回自己喜欢的好东西。偶尔也会遇到以低于行市的价格买到好东西的时候，但那就是收藏者的运气好了。常规讲，往往是高于行市，买到好家具的机会才多。

　　具体来说，因为椅子的艺术观赏性比较高，所以价格变化比较大；屏风类、宝座类、宫廷风格类的家具因为占用工时多，款式讲究，雕刻繁复，有很强的陈设价值，所以价格也不菲；而箱柜类的往往变化不大。

图 | 紫檀嵌银御笔书法挂屏·清乾隆

## 关于"捡漏"观

对初涉收藏的人来说，大多都有不同程度的"捡漏"心理。前些年，在明清家具市场上确实有不少"捡漏"的机会。因为当时懂家具的人较少，而且当时家具市场正处于发掘期，即使穷乡僻壤也有不少好家具可以淘。所以，如果有一定的理论和实践上的准备，又有一定的资金，就很容易淘到好东西。可如今，"捡漏"的时代已经基本结束了。随着信息传播的日益发达，现在即使是穷乡僻壤的妇孺也知道"老家具是值钱的古董"了。另外这几年收藏队伍急剧膨胀，想"捡漏"已是十分困难的事。

然而从另一种意义上讲，"捡漏"的机会永远存在，关键在于你怎样理解其含义。什么叫"捡漏"？大白话就是有的东西你不懂，我懂，你没买，我买了，就叫"捡漏"；市面上的价，你不清楚，我却很清楚，很便宜地买回来，转手又卖了高价，这也叫"捡漏"；或者说，按行市买的家具没有吃亏，也算"捡漏"。因为我们虽然捡不到家具的"漏"，但我们可以捡时间的"漏"。随着时间的推移，经济的不断发展和人民生活水平的逐步提高，收藏空间和财力具备之后，收藏市场会进一步成熟，家具的市场价格也会成倍地往上涨。因为你现在没买亏，是按照行市买的，甚至高出行市一点也无所谓，从长远的角度来看这也等于是"捡漏"。

图｜黄花梨螭龙雕花条桌·清乾隆

图 | 黄花梨双门式书箱·清早期

　　还有一种"捡漏"情况，一件好东西摆在这儿，许多人都看过了，但因为卖家要价比行市要高一些，很多藏友不认同。但这件家具，确实是有几点区别于其他同类的。比如说具有某种独特的工艺，过几年它就能上涨很多。这时候，只要有远见够胆魄，多花一两成的钱买下，也等于捡了一个大"漏"。

　　"捡漏"的机会总是可遇而不可求。不过，也并不代表我们只能听天由命，有句俗话："机会只钟情于那些有准备的头脑。"这句话用在家具"捡漏"上，就是说那些眼力好、手脚勤、有胆魄的人，大多都能捡到"漏"。

事实上，"捡漏"并不是光靠眼力就可以的。很多资深藏家在购买藏品时，都会经过反复推敲，无论在什么时候，碰到任何事，他们都会非常冷静。希望藏友们要经常告诫自己，天上不会掉馅儿饼，千万不要心生贪念，入手务要慎重。

首先，我们要意识到古玩市场是一个特殊的场所。在这里，"打眼"和"捡漏"的事可以说是几乎天天发生。在这里，没有人情关系，也与资历无关，凭的只有个人的眼力与运气。在这里，刚入门的新手有可能"捡了漏"，而从业多年的专家也会"打了眼"。

图 | 红木镶粉彩大吉葫芦插屏 ·清晚期

其次，我们要谨记：古玩市场这水有多深，纵使真正"下过水"的人也说不清道不明。至于能否在现在的市场淘到好东西，答案是没有绝对的。虽说仿品是这里的主角，可并不排除人们能在此找到自己的真爱。

### 关于收藏"秘籍"

全世界的文物鉴定都以目鉴为主，至今还没出现任何一个能代替目鉴的科学实验。再聪明的人也不可能在短时间内就学精所有鉴定窍门。若用一本书就想说清楚明清家具所有鉴定方法，定会误人子弟。所以，明清家具收藏并无"秘籍"，也无捷径。

图 | 楠木四面平马蹄腿直枨攒矮老方桌·清早期

图 | 红木竹节纹博古架·清

但为什么收藏还是会产生这么大的魅力呢？这是因为有些人看重它能投资赚钱，使资本保值增值的功能。

在收藏界的确盛传着不少拾漏捡遗而一本万利、获益丰厚的佳话。正是这些耳熟能详的成功案例，不仅引起了人们参与古玩买卖的兴趣，并且使人们对收藏产生一些不切实际的片面认识，错误地以为买卖古家具可以获利保值，从而盲目地在没了解必备知识的情况下草率购买。要知道，在现实生活中，同样有许多因为轻率购买而上当受骗、血本无归的实例。真正有心从事收藏活动的人士，只有潜心研究，了解市场行情，懂得辨伪识真，才能少花冤枉钱，切忌短视盲目，唯利是图，要建立正确的收藏观，并长期坚持不懈。

### 关于藏品出手

很多时候，收藏者会因为各种原因与目的而出售自己的藏品。那么，什么时候是藏品出手的最佳时机呢？通常专家给出的建议是在收藏者的藏品成了体系，并有了相应的研究成果或者发表图录之后。如果有一个完整的收藏品体系和一个很明确的收藏成果，就会受到瞩目，其藏品独特的价值往往就会体现出来。如果"东一榔头西一棒子"地收藏，就像一堆零件，单个的没有太多意义，但如果把它们组合成一个有机整体，那价值就大不一样了。

图 | 紫檀框漆地楼阁人物诗文挂屏·清

图 | 木雕龙纹方桌·清

　　因为成体系的东西，整体价值往往要大于局部价值之和。家具收藏构成体系的意义还在于同一门类汇聚一堂，构成一个或多个系列（比如桌子系列、宝座系列等），然后再通过对比或者类比的方法，就会发现中国家具发展的文化内涵，以及不同地区或不同风格的家具有着怎样明显的区别。

另外，藏品成系列后，就有了其学术研究的价值。比如，收藏了成系列的椅子，再辅以统计的方法，就会发现在尺寸上南北方椅子存在许多不同，甚至可以通过测算，计算出椅子高度的平均数，从而推算出其他我们需要的数据。假如收藏者只收藏了一两把椅子，就很难看出这方面的意义了。

图 | 紫檀龙纹方桌·清

再者，成系列的家具收藏品，对家具文化和中国文化的传承也具有特别的意义。

有的收藏者因太喜欢自己的藏品，即使到了弥留之际还舍不得出手。其实，这样的话不仅藏品得不到很好的保护，而且后人也无法系统地、深刻地来了解他的藏品。有的藏友已经把自己的藏品弄出了体系，却因为自己的不舍，导致藏品被自己的后人在分家时分得零零散散，甚至流散到各地，这都会给传统文化带来无形的损失，也让收藏者之前的很多努力都付之一炬。因此，收藏者最好在自己身体健康、头脑清楚的时候就给自己的藏品找个放心的归宿。若能把藏品集中起来整体拍卖，对后世收藏者来说，无疑是功德无量的。收藏者或其家人还可以将藏品整体拍卖给喜欢它们的人或整体捐献给博物馆。这样既为藏品找到了一个好的归宿，收藏者的家人也可以因此获得一定合理的遗产。

有报道称北京恭王府曾获捐 25 件明清家具，捐赠者为收藏家张先生。恭王府管理中心的主任给予这样的评价：这批家具做工考究、品类丰富。从家具的类型、功能和木种等各方面都填补了恭王府馆藏明清家具文物的空白，将为恭王府再现清代王府生活场景以及进行明清家具研究奠定良好的基础。而这或许也是深爱这些家具的张先生捐赠的初衷。就如张先生所讲："如今我选择恭王府捐赠出去，这些'孩子们'算是彻底有了着落，我也就放心了，再也不用担心它们丢了或是受委屈了。"

## 关于收藏的心态

很多藏品即使经过几个专家的鉴定，也不能完全确定其真伪。所以，目前有的古家具爱好者读了几本书后，就立志要当古家具收藏家，并以此创业。在此，我们认真提醒藏友：若你作为一个古家具爱好者，应受到热情鼓励，因为古家具不仅能拓宽你的兴趣范围，提高你的文化素养，而且还会给你带来精神上的乐趣。但如果你要想通过收藏古家具来赢利，在没进行充分的各种知识储备和经验积累之前，我们希望你放弃这个念头。

曾有报道说，一位女士在一家著名的拍卖公司以 120 万元拍得了吴冠中先生的一幅题为"池塘"的名画，后经鉴定为"伪作"。拍卖公司拒不认账，该女士上诉到法院。可结果是

**图** | 楠木亮格方角柜·清

法院判决该女士败诉，原因就在于竞拍者没有合理预见风险。由此类推，在古家具收藏过程中，藏友们更应放弃投机心态，摒弃短线行为，保持一个健康的心态。

我们知道，文物收藏领域水太深，在明清家具收藏领域，"打眼"的事和人又何止千万？明清家具动辄天价的成交纪录，极大地煽动起人们的各种欲望。利益面前，假冒伪劣泛滥，赝品仿品横行。试想，在还没有做好充分准备之前，在还没有练就一双"火眼金睛"之前，就急于出手，那是很容易会得到赝品的。

图▏嵌玉寿字插屏·清

图▏紫檀万代祥云架（一对）·清中期

269

其实，有了一个好的心态，就很容易减少失误。比如在"出战"之前，常提醒自己多看些专业书籍；多向有丰富经验的人士请教学习，多听他们的建议；多到博物馆看看藏品，在自己的心里要先有真品的概念。经验证明，用真品的标准去衡量藏品，往往能少走很多弯路。

为了鼓励藏友在收藏过程中有一个好的心态，古家具鉴定专家张德祥先生曾有一段精彩的论述："收藏者要端正心态，纯为增值而收藏无可厚非，但难成大家。价格一变，你的心里就发慌。而且，缺乏爱，就产生不了对美的追求和理解。你老觉得墙边撂着一**撂**钱，可别砸在自己手里，这样就谈不上乐趣了。收藏家的成功在于他的爱和痴，这是超越价格的一种价值。真正的收藏家应是永远心如止水，'打了眼'不言，吸取教训；即使'捡了漏'，也不会忘乎所以。"

图 | 红木雕拉钱方桌·清

图 | 黄花梨贵妃床

# 第三节　明清家具的保养

## 日常使用注意事项

图 | 红木雕云龙纹方桌·清

对于高价购进的明清家具，如何兼顾实用性的同时，又不至于对其造成损伤，如何进行有效的维护和保养？大体来说，我们需要注意以下几方面。

### 1. 远离湿布

人们通常习惯用湿布擦拭家具，却意识不到其危害性。湿布中的水分和家具上的灰沙混合后，会形成颗粒状，古家具表面一经摩擦，就容易对其造成一定的损害，因此这一点尤其值得藏友们注意。因此，如果古家具上积了灰尘，最好用质地细软的毛刷将灰尘轻轻拂去，再用棉麻布料的干布缓缓擦拭。若家具沾上了污渍，可以蘸少量水溶性或油性清洁剂擦拭。

271

### 2.合理摆放

过度的阳光照射或潮湿，会损害木质家具的材质，造成木材龟裂或酥脆易折。因而明清等古家具不能在阳光下过度照射，室内温度在 20~30℃、湿度在 40％~50％比较适宜。我国南方气候湿润，对古家具的保护颇为有利。

### 3.正确使用与修配

明清家具在使用和修配时建议最好不要太过随意，如椅子之类的老家具建议靠墙摆设和使用，一般而言，古家具特别是椅子或桌子都会有多多少少的松动，体重之人倚靠时更容易因松动而损伤榫卯结构，所以使用时要注意特别爱护。同时，如果要修配一定要找专业人员，非专业人员不要轻易去修配，特别不要用铁钉和化学胶来固定榫卯。

### 4.精心搬运

在搬运明清家具时，最好用旧被褥把东西全捆好，一定要将其抬离地面，轻抬轻放，绝对不能在地面上拖拉，以避免对其造成不必要的伤害，如脱漆、刮伤、磨损等。

图 ┃ 紫檀点翠插牌·清中期

图 | 紫檀镶象牙屏风·清

5. 定期保养

对明清家具要定期进行打蜡保养。正常情况下，每季度只打一次专用家具蜡就可以，这样家具看起来有光泽且表面不容易吸尘，清洁起来也比较方便。还可以锁住木质中的水分，防止干裂变形，同时滋养木质，由里到外令家具重放光彩，从而延长家具的使用寿命。

上蜡时一定要在彻底清除灰尘之后进行，否则会形成蜡斑，或造成磨损，产生刮痕。蜡的选择比较多，现在常见的喷蜡、水蜡、光亮蜡都可以。上蜡时，要掌握由点及面、由浅入深的原则，循序渐进，均匀上蜡。

如果遭到剐蹭、碰撞或磨伤，就得请专家及时修补了。

6. 防湿、防蛀

湿度的变化会引起木纤维的胀缩，导致家具变形甚至损坏，湿度过大还容易滋生霉菌虫害，所以要定期检查虫蛀情况，一旦发现有蛀虫应立即用药物杀灭。

硬木家具的制作要经过几个工艺流程，大体上概括为以下几点。

图 | 漆嵌紫檀御题诗百宝博古挂屏·清乾隆

## 家具漆面的保护

（1）油漆污点：油漆滴在家具上，若未干时，可以用一块有蜡水的布将其抹掉，或用钢丝绒蘸上蜡油轻轻擦拭；如果油漆已干，可以把松节油滴在油漆上使之变软，然后用蘸有松节油的布将污物抹掉，最后用灰石和蜡油磨光即可。

（2）油漆剥落：清漆家具表面若有小块油漆剥落后，可取同色的广告颜料涂补，然后再以清漆涂在表面，即可完好如初。

（3）火灼损伤：先将被火灼过的木质用刀片除去，再用钢丝绒擦干净，然后用补家具的胶木填好，细磨平滑，最后用家具蜡磨光。

（4）抽屉磨损：抽屉道磨损大的情况下，可将抽屉拉出翻身，用电烙铁在抽屉道上烫层蜡烛油，使油液渗入木质。用同法在桌柜相应的衬道上也烫上蜡烛油，就可以减少抽屉磨损。

（5）家具漆面如因使用不慎，被放在上面的开水杯烫出一圈白色斑痕，就会很不雅观。消除这种烫斑的方法是用绒布蘸上煤油、酒精、花露水或浓茶汁擦拭干净后，烫斑即可去除，漆面就能光亮如新。

# 硬木家具工艺流程

　　硬木家具的整个制造过程非常复杂，在制造工艺方面，包括选料、开料、雕刻图案等工序，其中每一个工序里又有若干个极其讲究的制作工艺。

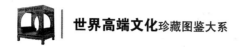 

## 一、选料、配料

这个工序是设计完家具款式后，选择家具每个不同部位适合的材料。通常需要注意木材的纹理、颜色及用料的大小等。既要注意如何排料能节约，又要兼顾加工制作较方便（便于锯割成型和刮刨找细），同时还要考虑木材纹理的走向是否影响家具的牢固程度等。

## 二、开料、部件细加工

开料就是使用工具将板材加工成部件毛料，再将各个部件毛料加工成符合标准形状、标准尺度的精料。

## 三、开榫凿眼

这个过程要先在木料上画线，决定锯、割、凿榫眼的位置。然后，按家具各个部位连接的情况做出不同的榫卯结构。用锯拉榫时，要特别注意合理放线（术语叫"吃线""让线"，二者含义不同，用于不同的部位），以保证榫口和卯眼有修整、校正的余料。事实上榫口和卯眼要经过多次细心修正（术语叫"研口"或"严口"），才能做连接，装配后的木料要是相互垂直的，榫口连接处要严丝合缝。

## 四、试组装

行业术语叫"认榫"，即将开好榫凿好眼的部件木料试组装（此时不能"用鳔"）成一个相对独立的结构部件单元，主要是检查榫卯是否大小合适、是否严密，有无歪斜或翘角等情况。

如果有歪斜或翘角情况，便要及时进行调整。接口要严密（口严），形状要规矩，不能出现4个角不在同一个平面之内的问题（不皮楞），是这道工序重点要注意的问题，也是工艺标准。

最后要进行严口、净口的修整，即确保每一个结构部件单元的表面都符合严格的尺度规定。

## 五、雕刻纹饰

如果上一步骤一切正常，则轻轻拆开各种部件，开始加工需要进行雕刻和起线的地方。

之所以"认榫"之后才进行雕刻纹饰，是因为这时各种连接的木配件都已定型，也就是说这些木配件的表面都已经确保在同一平面之上了。此时按照设计要求进行雕刻，就可以确保雕花的浅深一致。若次序颠倒，要先做好雕花，再开榫，因为"认榫"时很多时候需修整，所以会导致后面很麻烦。雕刻纹饰分为画活、雕刻、做细等。

## 六、部件的精细磨光

硬木家具制作工艺中的精细磨光工序是在组装各个部件之前进行的，所以叫作部件的精细磨光（行业术语就叫"磨活"）。传统工艺是把泡湿了的锉草捆绑成草把，用它把家具各个部件的表面打磨几遍；再用泡湿的光叶（冬笋的外皮）顺着纹理仔细打磨。经过仔细打磨的硬木表面非常光滑，用手抚摸，感觉不到任何的凹凸不平，也看不见刻痕和横向的擦痕。

## 七、组装

组装的行业术语叫"攒活"，即把所有的部件正式组装起来，也有叫"用鳔"的，但多用于分立的结构单元，如门扇、面板、侧山的组装。组装时要求必须在水平、干净的地面上进行。这是为了保证家具装配质量的必要条件。

## 八、最后修整

组装好家具后，要静置一两天等鳔干透，然后要对所有接口进行修整（术语

图 | 黄花梨云纹花片方角柜·清早期

叫净活），主要是对接口处微小不平之处用"耪刨"进行刮修整，还要把新加工处打磨干净，把胶迹擦干净等，以便染色和烫蜡。

如果各方面检查无误，还要对白茬（因此时的家具就是灰白色的，故有此名）家具进行火燎工艺处理，即用酒精（古代用高度数白酒）均匀涂在硬木家具上，然后点燃。据说讲究的家具，在白茬（未染色烫蜡的家具）时还要烘干一次，以保证家具的质量。

## 九、染色

经过精细磨光之后，不管是哪一种木材，都会失去木材本身原有的较深的颜色，呈苍白灰色（又叫"白茬"），所以硬木家具都要经过染色处理。另外，哪怕一件家具只用一种木材，因为木材的部位不同，颜色也会有所差异，只有经过染色处理，才能使颜色统一。至于有的部分用其他硬杂木代替，则更要经过染色处理（其实可看成作假的方法）。

染色通常用棉丝或软布蘸泡好的染色剂，顺着木纹均匀擦拭。注意一定要避免染色剂流淌。干后根据颜色深浅及木色的情况，再进行两三次染色。

## 十、烫蜡擦亮或擦漆

烫蜡是紫檀、黄花梨、红木等硬木家具的传统修饰工艺，是用加热的方法把石蜡熔融在家具的表面上，然后及时用柔软的白布用力擦磨石蜡。为了显示出其美丽的木纹和色泽，需要擦磨许多次。紫檀、红木家具烫蜡擦亮后，表面会呈现出一种柔和富丽的绸缎色泽。黄花梨家具烫蜡擦亮后，表面会呈现出一种如琥珀般典雅透明的视觉效果。

# 《明清家具》
### （修订典藏版）
## 编委会

● **总 策 划**

王丙杰　贾振明

● **编 委 会**（排序不分先后）

玮　珏　苏　易　田文轩

姜　宁　夏　洋　陆晓芸

白若雯　白　羽　肖　斌

● **版式设计**

文贤阁

● **图片提供**

贾　辉　赵洪祥　刘天宇

http://www.nipic.com

http://www.huitu.com

http://www.microfotos.com